natürlich oekom!

Mit diesem Buch halten Sie ein echtes Stück Nachhaltigkeit in den Händen. Durch Ihren Kauf unterstützen Sie eine Produktion mit hohen ökologischen Ansprüchen:

- 100 % Recyclingpapier
- mineralölfreie Druckfarben
- Verzicht auf Plastikfolie
- Kompensation aller CO_2-Emissionen
- kurze Transportwege – in Deutschland gedruckt

Weitere Informationen unter www.natürlich-oekom.de und #natürlichoekom

GEFÖRDERT VOM

Bundesministerium
für Bildung
und Forschung

FONA
Sozial-ökologische
Forschung
BMBF

Die Publikation ist entstanden im Rahmen des Forschungsprojekts „Entwicklungschancen und –hemmnisse suffizienzorientierter Stadtentwicklung“ (Förderkennzeichen 01UR1704A+B)

Bibliografische Information der Deutschen Nationalbibliothek: Die Deutsche Nationalbibliothek verzeichnet diese Publikation in der Deutschen Nationalbibliografie; detaillierte bibliografische Daten sind im Internet über http://dnb.d-nb.de abrufbar.

Gesellschaft für ökologische Kommunikation mbH
Waltherstraße 29, 80337 München

Autor*Innen: Maike Böcker, Henning Brüggemann, Michaela Christ, Alexandra Knak, Jonas Lage, Bernd Sommer
Unter Mitarbeit von: Björn Barutzki , Fanziska Humpert, Leon Leuser, Sabine Marr, Lea Pook und Jula Sarin
Layout und Satz: Sarah Heuzeroth

Umschlagabbildung: ©Norbert9/Shutterstock.com, ©JOJOSTUDIO/Shutterstock.com
Umschlaggestaltung: Mirjam Höschl, oekom verlag
Druck: Friedrich Pustet GmbH & Co. KG, Regensburg

ISBN 978-3-96238-276-6
EISBN 978-3-96238-804-1
https://doi.org/10.14512/9783962388041

FSC www.fsc.org RECYCLED Papier aus Recyclingmaterial FSC® C014889

Klimaneutral
Verlag
ClimatePartner.com/53585-1805-1001

Wie wird WENIGER GENUG?

Suffizienz als Strategie für eine nachhaltige Stadtentwicklung

Maike Böcker, Henning Brüggemann, Michaela Christ,
Alexandra Knak, Jonas Lage, Bernd Sommer

Inhalt

I. Warum weniger genug werden muss

Städte und Gemeinden stehen seit längerer Zeit im Fokus der gesellschaftlichen Diskussionen um Klimaschutz und Nachhaltigkeit.

Dies aus gutem Grund: Denn auch wenn national und international Vereinbarungen und Ziele zum Schutz des Klimas und der Umwelt beschlossen werden, so ist es doch die kommunale Ebene, auf der die meisten Maßnahmen umgesetzt und in der Praxis verankert werden müssen. Dies betrifft die viel diskutierte Mobilitätswende ebenso wie die Einsparungen im Bereich der Wärmeversorgung oder die Reduzierung des anhaltenden Flächenfraßes. So gesehen steht diese Handreichung, die sich vor allem an Entscheidungsträger*innen und Praktiker*innen aus der kommunalen Politik und Verwaltung richtet, in einer langen Reihe ähnlicher Publikationen, welche Klimaschutzpotenziale und Nachhaltigkeitsstrategien für Kommunen zum Gegenstand haben. Das Besondere an der vorliegenden Broschüre ist aber, dass es nicht – oder allenfalls am Rande – um Maßnahmen wie Elektromobilität, smarte Verkehrsleitsysteme, Wärmdämmung oder die Nutzung erneuerbarer Energien geht. Hier stehen nicht technikbasierte Wege zur Nachhaltigkeit im Vordergrund. Die vorliegende Handreichung konzentriert sich vielmehr auf die Nachhaltigkeitsstrategie, die in der Fachliteratur als Suffizienz bezeichnet wird und die die bekannteren Ansätze der Konsistenz und Effizienz ergänzt. Während Konsistenz auf die Etablierung von Stoffkreisläufen zielt und bei der Effizienz durch eine Verbesserung des Verhältnisses von Aufwand und Ertrag Ressourcen eingespart werden sollen, wird unter Suffizienz eine Strategie verstanden, bei der Menschen insbesondere durch ein verändertes Verhalten zur ökologischen Nachhaltigkeit beitragen. Suffizienz bedeutet vor allem aber auch, danach zu fragen, wie viel Mobilität, welche Wohnungsgrößen und wie viel Energieverbrauch – um nur einige Beispiele zu nennen – sich überhaupt nachhaltig organisieren lassen. Mit anderen Worten, Suffizienz, das vom Lateinischen *sufficere* (genügen) abstammt, fragt danach, wie viel genug ist.

Dies ist für moderne Gesellschaften eine Provokation. Denn diese folgen für gewöhnlich einer Logik der Expansion. Städte und Gemeinden, die Bundesländer, aber auch der Bund sind es gewohnt, aus ihren Problemen „herauszuwachsen". Dies gilt ganz offenkundig für die öffentlichen Finanzen, aber auch für Arbeitslosigkeit oder Verteilungsfragen. So sprudeln unter den gegenwärtigen Bedingungen bei ökonomischem Wachstum die Steuereinnahmen, es enstehen Arbeitspläze und eröffnen sich Verteilungsspielräume, während gleichzeitig die Sozial- und Steuerausgaben sinken. Seit einigen Jahren ist „grünes Wachstum" auch die dominante Strategie, mittels welcher ökonomische und ökologische Probleme gleichermaßen angegangen werden sollen. Dahinter verbirgt sich die Hoffnung, dass über das Wachstum grüner Sektoren – wie erneuerbare Energien, Elektromobilität, Gebäudesanierungen zur Verbesserung der Energieeffizienz etc. – die Volkswirtschaften als Ganzes allmählich ergrünen und so das Wirtschaftswachstum vom Ressourcenverbrauch entkoppelt werden kann. Das Problem ist nur, dass alle Erfolge im Bereich der Effizienz und der regenerativen Erzeugung von Energie zur Erreichung der Klima- und Nachhaltigkeitsziele nicht ausreichen, wenn gleichzeitig auch die Zahl der umgesetzten Güter und Dienstleistungen kontinuierlich zunimmt.

Pars pro toto lässt sich dies im Automobilsektor illustrieren: Zwar ist die Motorentechnologie heute um ein Vielfaches effizienter als noch vor einigen Jahren, gleichzeitig sind die Autos selbst leistungsstärker sowie größer geworden und vor allem: deutlich mehr. So steigt die Zahl der Rate der zugelassenen PKWs pro Kopf in Deutschland weiter an und diese Entwicklung hat dazu geführt, dass trotz aller Effizienzgewinne die Treibhausgasemissionen im Verkehrssektor ebenfalls ansteigen. Auch eine komplette Umstellung auf E-Mobilität würde das Mobilitätssystem in Deutschland nicht vollends ökologisch nachhaltig machen, dafür bedarf es zugleich einer drastischen Reduzierung des PKW-Bestands, sprich, Suffizienz: Menschen, die ihre Mobilitätsbedürfnisse bislang über den motorisierten Individualverkehr befriedigt haben, müssen auf ressourcenschonende und emissionsarme Alternativen wie den Fuß- und Radverkehr, den ÖPNV oder die Bahn umsteigen.

Dies wird sich durch Appelle alleine aber nicht realisieren lassen. Was es braucht, sind Voraussetzungen, die die Einzelnen in die Lage versetzen, sich ohne Automobil fortzubewegen: Einen gut ausgebauten und erschwinglichen ÖPVN, sichere und ausreichend Fuß- und Radwege, ein attraktives Mobilitätsangebot durch die Bahn. Dies alles kommt aber nicht von alleine in die Welt, sondern erfordert eine veränderte Stadt- und Verkehrsplanung, bei der den Kommunen eine entscheidende Rolle zukommt. Mit anderen Worten, es Bedarf einer kommunalen Suffizienzpolitik, für die der Verkehrssektor hier ein Beispiel ist. Ein solcher Ansatz ist in einer Gesellschaft, die vom Wachstum abhängig geworden ist, äußerst anspruchsvoll. Infrastrukturen aus Stein und im Kopf, aber auch Gesetze und finanzielle Lasten legen den Bürger*innen und kommunalen Entscheidungsträger*innen gleichermaßen ein Weiter-so nahe. Pfadwechsel in Richtung suffizienzorientierter Stadtentwicklung erfordern Anstrengungen, sind aber möglich – wie zahlreiche Beispiele in dieser Handreichung zeigen. Der große Vorteil der Nachhaltigkeitsstrategie der Suffizienz ist, dass sie nicht von technischen Neuerungen und Durchbrüchen abhängt, sondern sofort damit angefangen werden kann. Verschiedene der in dieser Borschüre beschriebene Beispiele und Maßnahmen machen auch deutlich, dass Umweltschutz und sozialer Ausgleich kein Widerspruch sein müssen. Im Gegenteil, umweltpolitische Ansätze, die der Suffizienzstrategie folgen, ermöglichen in der Regel auch die Teilhabe benachteiligter sozialer Gruppen. Suffizienz versteht sich schließlich auch nicht als Alternative zur Effizienz- oder Konsistenzstrategie, sondern als komplementärer, oder um es genauer zu sagen, als rahmender Ansatz: Erst bei konsequenter Orientierung an der Suffizienzstrategie können Effizienz- und Konsistenzmaßnahmen ihre umweltentlastende Wirkung entfalten.

Die verschiedenen in dieser kurzen Einleitung angesprochenen Punkte werden in der vorliegenden Handreichung weiter ausgeführt: So erfolgt in Kapitel II eine Erörterung der Suffizienzstrategie, die einerseits im öffentlichen und politischen Nachhaltigkeitsdiskurs weitgehend marginalisiert ist und hinter welcher sich anderseits weithin bekannte Maßnahmen verbergen. Kapitel III beschäftigt sich systematisch mit den Wachstumstreibern, Hemmnissen und Grenzen von Suffizienzmaßnahmen in zeitgenössischen Gesellschaften, insbesondere auf der kommunalen Ebene. Dies hat zum Ziel, ein realistisches Bild von den Spielräumen der Kommunen zu gewinnen und so einen naiven Machbarkeitsoptimismus zu vermeiden. Kapitel IV arbeitet systematisch die Faktoren heraus, unter denen kommunale Suffizienzpolitik dennoch möglich ist und in Kapitel V finden sich zahlreiche anschauliche und praxisnahe Beispiele aus verschiedenen Städten, darunter Ravensburg, Tübingen und Siegen. Kapitel VI macht deutlich, dass mit Suffizienzpolitik in jeder Stadt zu jeder Zeit begonnen werden kann – so kommunale Entscheidungsträger*innen aus Politik und Verwaltung diese Strategie entschlossen und ausdauernd verfolgen wollen.

Durch das Buch zieht sich ein spezifisches Thema als Feld der Suffizienzpolitik: Der Umgang mit Flächen sowie suffizienzpolitische Anstrengungen, die anhaltende Flächeninanspruchnahme einzudämmen. Dies ermöglicht die Fokussierung, ist aber beispielhaft zu verstehen. Die beschriebenen Hemmnisse, Erfolgsfaktoren und Maßnahmen lassen sich auch in andere Bereiche der Umwelt- und Nachhaltigkeitspolitik übertragen. Der Text möchte nicht allein für die Suffizienzstrategie werben, sondern auch konkretes Rüstzeug für Entscheidungsträger*innen aus der kommunalen Politik und Verwaltung mit an die Hand geben, diese umzusetzen und so die Bürger*innen in die Lage zu versetzen, bei hoher Lebensqualität weniger Ressourcen zu verbrauchen.

II. Suffizienz als kommunale Nachhaltigkeitsstrategie

Suffizienzorientierte Stadtentwicklung – das klingt komplizierter, als es ist. Gemeint ist damit, die städtische Infrastruktur so zu gestalten, dass nachhaltiges Leben nicht nur möglich, sondern einfach wird. Mit Suffizienzmaßnahmen kann jede Kommune sofort beginnen. Sie bedürfen keiner teuren Technik oder großer Investitionen. Es genügt, die bestehenden rechtlichen Rahmenbedingungen zu nutzen. Allein: Suffizienz stellt den Zwang zu wachsen in Frage. Und das ist ein Problem.

Innen- vor Außenentwicklung, Ausbau der Radinfrastruktur und die Förderung gemeinschaftlichen Wohnens sind drei Beispiele für Suffizienzmaßnahmen. In Stadtentwicklungsprozessen werden sie und viele weitere der in diesem Buch genannten Maßnahmen angewendet, um zur langfristigen Einsparung von Ressourcen – in diesen Fällen steht ein schonender Umgang mit Flächen im Vordergrund – beizutragen.

Anders als die Maßnahmen und Vorgehensweisen, die er beschreibt, ist der Begriff der Suffizienz in der Öffentlichkeit noch weitgehend unbekannt. Was also bedeutet Suffizienz? In der Nachhaltigkeitsforschung werden Suffizienz, Effizienz und Konsistenz als Nachhaltigkeitsstrategien bezeichnet. Mit diesen Begriffen werden unterschiedliche Vorgehensweisen beschrieben, mit denen Nachhaltigkeitsziele erreicht werden sollen. Dass Nachhaltigkeit ein erstrebenswertes gesellschaftliches Ziel ist, ist weithin unumstritten. Was jedoch genau darunter verstanden wird und wie sie erreicht werden kann, darüber gehen die Ansichten weit auseinander und auch die drei Nachhaltigkeitsstrategien unterscheiden sich in wesentlichen Gesichtspunkten voneinander. Zwischen „sozial-ökologischer Modernisierung" und „Postwachstum" beispielsweise liegen sehr unterschiedliche Vorstellungen davon, wie und unter welchen sozialen, politischen und ökonomischen Bedingungen zukunftsfähige Austauschbeziehungen zwischen Natur und Gesellschaft gestaltet werden sollen und können.

Der Begriff der Nachhaltigkeit geht zurück auf die Krise der Forstwirtschaft im Europa des 18. Jahrhunderts. Vor dem Hintergrund des Holzmangels im präindustriellen Europa beschrieb Carl von Carlowitz jenen Umgang mit der Ressource Holz als nachhaltig, in dem ein Gleichgewicht bestünde zwischen dem Holz, das geschlagen und genutzt wurde, und den Bäumen, die neu gepflanzt wurden. Zeit spielt in diesem frühen Nachhaltigkeitskonzept eine große Rolle und zwar in zweierlei Hinsicht. Zum einen im Bewusstsein der Regenerationszeit natürlicher Ressourcen und zum anderen in der Vorsorge für die Zukunft, in der der Rohstoff Holz ebenfalls noch verfügbar sein sollte.

Zu gängigen Begriffen in Wissenschaft, Politik und Gesellschaft wurden Nachhaltigkeit und nachhaltige Entwicklung durch den Brundtland-Bericht von 1987.[1] Dieser Bericht der Weltkommission für Umwelt und Entwicklung der Vereinten Nationen definierte nachhaltige Entwicklung als „Entwicklung, die die Bedürfnisse der Gegenwart befriedigt, ohne zu riskieren, daß künftige Generationen ihre eigenen Bedürfnisse nicht befriedigen können." Intergenerationelle Gerechtigkeit, das heißt, das Ziel, kommenden Generationen vergleichbare Möglichkeiten zur Gestaltung ihres Lebens zu erhalten, war wesentlicher Teil des Nachhaltigkeitsgedankens. Inzwischen wird unter Nachhaltigkeit nicht allein ein schonender Umgang mit Natur und Umwelt verstanden, es werden vielmehr auch soziale und ökonomische Aspekte – Gerechtigkeit, Minderung (globaler) sozialer Ungleichheit, gesellschaftlicher Wohlstand – für relevant erachtet, um Nachhaltigkeit beziehungweise die nachhaltige Entwicklung von Gesellschaften zu erreichen. In welchem Verhältnis die drei Dimensionen Ökologie, Ökonomie und Soziales zueinander stehen,

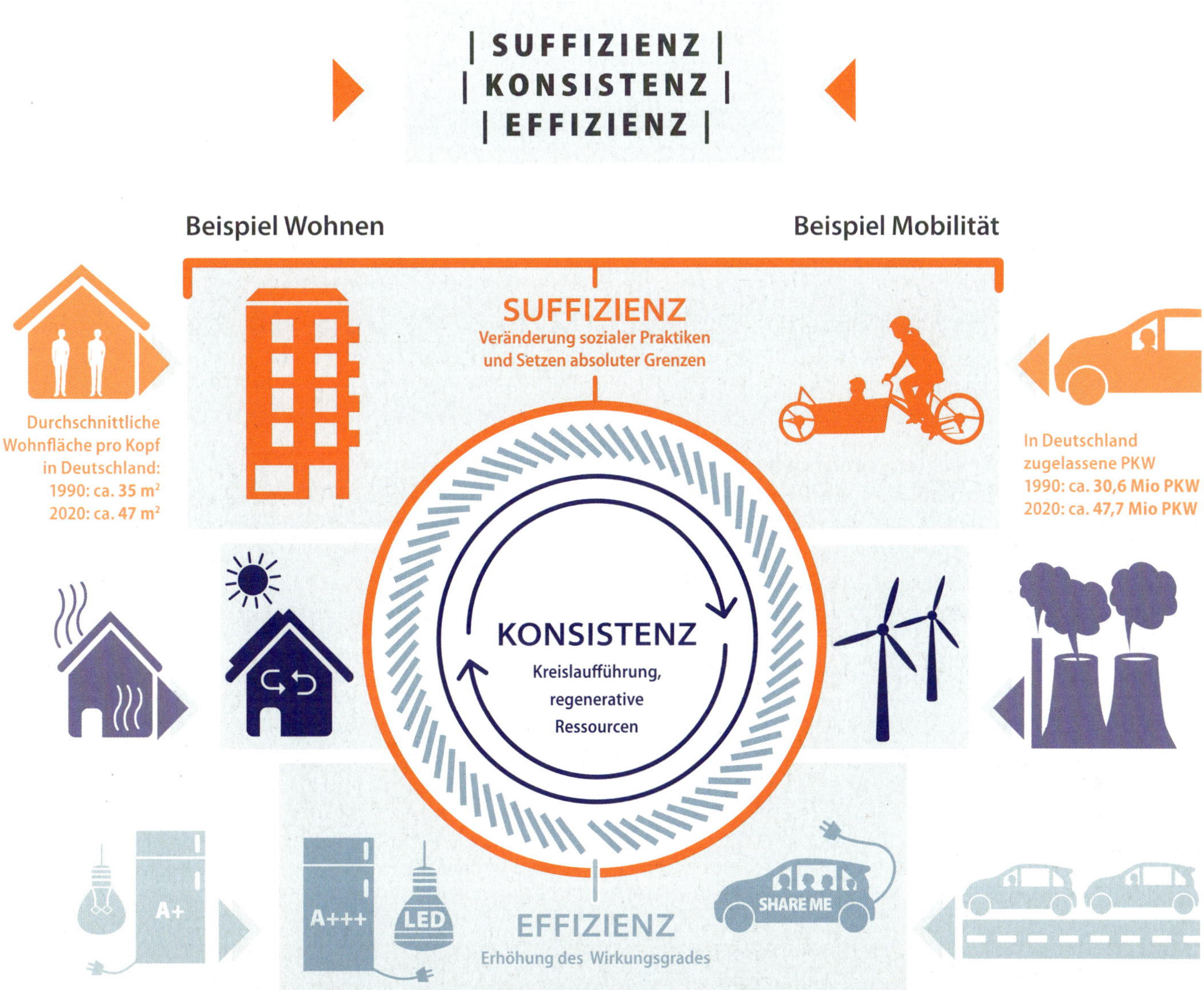

EINE KOMBINATION DER DREI STRATEGIEN
im Sinne starker Nachhaltigkeit bedeutet einerseits zu ermitteln, welche Bedarfe es gibt und andererseits zu definieren, wie viele Ressourcen für dieses Bedürfnis zur Verfügung stehen. Am Beispiel Fläche und Mobilität: Vorausgesetzt wird, Menschen wollen mobil sein und sich möglichst uneingeschränkt in einer Stadt bewegen können. Wenn Verkehrsflächen nicht ausgeweitet werden sollen, gilt es abzuwägen, wie sowohl die Zahl der Wege als auch die Weglängen verkürzt werden und wie möglichst viele Menschen ihr Mobilitätsbedürfnis niedrigschwellig, sicher und bequem erfüllen können (**SUFFIZIENZ**).
Die entsprechenden Verkehrsmittel sollten auf der Basis erneuerbarer Energieträger (**KONSISTENZ**) so effizient (**EFFIZIENZ**) wie möglich gestaltet werden.

ob gleichberechtigt nebeneinander oder vom Primat einer der drei Dimensionen bestimmt, ist Gegenstand vielfältiger Diskussionen. Ob man etwa von der Notwendigkeit des vorrangigen Schutzes und Erhalts der ökologischen Grundlagen ausgeht, hängt auch davon ab, für wie sinnvoll, realistisch und zielführend die Kompensation oder Reduktion von Umweltveränderungen durch sozio-technische Innovationen oder durch wirtschaftliches Wachstum gehalten wird.

Womit wir bei den Nachhaltigkeitsstrategien wären.

Ein Leitbild, drei Strategien: Effizienz, Konsistenz und Suffizienz

Gemeinsam ist den Strategien Effizienz, Konsistenz und Suffizienz, dass mit ihnen die absolute Reduktion des Ressourcenverbrauchs zur Bewahrung der materiellen und ökologischen Basis menschlicher Existenz erreicht werden soll. Vom Sozialen und der Ökonomie wird noch die Rede sein.

Zentrale Unterschiede zwischen den drei Strategien gibt es in Bezug auf die übergeordneten Ziele und die Mittel, mit der die Reduktion erreicht werden soll, und hinsichtlich dessen, was verändert wird. Differenzen finden sich zudem im zeitlichen Horizont, in Bezug auf mögliche Rebound-Effekte und mit Blick auf die angestrebte Veränderung gegenwärtig dominanter Lebens- und Konsumweisen.

Die bekannteste der drei Strategien, die Effizienz, sucht den Ressourcenverbrauch zu reduzieren, indem Energie und Material so eingesetzt werden, dass mit weniger Input mehr Resultate erzielt werden können. Als effizient gelten Produkte oder Produktionsprozesse, wenn sie bei geringerem Material- oder Energieeinsatz gleichwertige oder mit derselben Menge an investierter Energie oder Ressourcen bessere Bilanzen hinsichtlich ihrer Leistungsfähigkeit aufweisen können. Im Zentrum der Effizienz steht die Erhöhung der Material-, Ressourcen- und Energieproduktivität durch technische Innovationen oder Prozessoptimierung. Effizienzsteigerung bietet erhebliches Potential zur Drosselung des Ressourcenverbrauchs, allerdings nur wenn gewährleistet ist, dass eingesparte Energie oder nicht genutztes Material tatsächlich ungenutzt bleibt. Mit einer Vielzahl von Studien hingegen ist inzwischen folgender problematische Zusammenhang belegt: Einsparungen werden oft durch eine verstärkte oder veränderte Nutzung von Gütern nicht vollständig ausgeschöpft, nivelliert oder gar überkompensiert. Der Zusammenhang zwischen Effizienzeinsparungen und vermehrtem Ressourcenverbrauch durch Verhaltensveränderungen wird in der Nachhaltigkeitsforschung als Reboundeffekt bezeichnet.[2] Eine Ursache für Reboundeffekte sind geringere Herstellungskosten und in der Folge niedrigere Verkaufspreise, die sich in gesteigerter Nachfrage nach und veränderter Nutzung von Gütern niederschlägt. Die Entwicklung effizienterer Autos zum Beispiel hat – in Kombination mit wachsendem gesellschaftlichen Wohlstand – dazu beigetragen, dass in den letzten Jahrzehnten nicht nur die PKW-Zulassungszahlen kontinuierlich gestiegen sind, sondern auch die zurückgelegten Personenkilometer. Zudem werden größere und leistungsstärkere Wagen produziert und gekauft. Grundsätzlich mögliche Effizienzgewinne und daraus ableitbare Umweltentlastungen hingegen blieben aus.

Die Strategie der Konsistenz basiert darauf, Produktionsprozesse so zu organisieren, dass sie in möglichst geschlossenen Stoffkreisläufen, mit anderen Worten als Kreislaufwirtschaft, funktionieren. Das bedeutet auch, Abfallstoffe und Emissionen zu vermeiden, um nicht nur Ressourcen zu schonen, sondern zudem die Belastung von Senken – Wälder, Böden, Meere und Moore, die CO_2 aufnehmen und binden – zu minimieren. Von Menschen geschaffene Produkte und Technologien sollen idealerweise so gestaltet sein, dass sie Ressourcen und Ökosysteme erhalten und Umweltzerstörungen umgehen. Naturverträgliche, an natürliche Rhythmen und Systeme angepasste Energie- und Ressourcen*nutzung* soll den bloßen Ressourcen*verbrauch* ersetzen. Beispiele für die Anwendung der Konsistenzstrategie ist die Energiewende in Deutschland, durch die erneuerbare Energiequellen fossile Energieträger zur Stromerzeugung ablösen sollen, oder die ökologische Landwirtschaft, die auf eine umweltschonende Herstellung von Lebensmitteln setzt. Im Alltag begegnet uns die Konsistenzstrategie darüber hinaus in Form von Pfandsystemen oder Papierrecycling. Konsistenz zielt also auf den Erhalt von Ressourcen, Materialien und Produkten durch die Nutzung regenerativer Stoffe einerseits und möglichst langer Nutzungsdauer, Pflege, Reparatur und Wiederverwertung andererseits. Werden nicht erneuerbare Ressourcen eingesetzt, so steht Konsistenz für das möglichst vollständige Recycling der Stoffe und Materialien. Die Konsistenzstrategie birgt ebenfalls erhebliche Ressourceneinsparpotentiale. Allerdings gibt es auch hier Hinweise auf Reboundeffekte – man denke etwa an das Fahrzeug mit umweltschonender Antriebstechnik, das genau dieser Technik wegen intensiver genutzt wird. Zudem verlangt der Anspruch, gesellschaftliche Energie- und Materialflüsse an natürliche Stoffkreisläufe anzupassen, erhebliche langfristige technische Neuerungen. Nicht zuletzt wären tiefgreifende gesellschaftliche Veränderungen nötig, um beispielsweise 100 Prozent des Energiebedarfs aus Erneuerbaren zu gewinnen. Sollte das realisiert werden, müsste nicht nur ein Vielfaches der heutigen Flächen für die Energiegwinnung genutzt werden, auch Produkte, Produktionsprozesse und Vertriebswege müssten deutlich umgstaltet werden.[3] Man ahnt, wie weit dieser Weg ist, wenn man die langsame Entwicklung der Elektromobilität und den entsprechenden Ausbau der Ladeinfrastruktur beobachtet.

Suffizienz bedeutet, den Ressourcen- und Naturverbrauch durch andere Verhaltensmuster und Lebensweisen zu verringern. Als Nachhaltigkeitsstrategie bedeutet dies, danach zu fragen, was nötig ist, was ausreicht und wie viel genügt, um ein gelingendes, ein gutes Leben zu führen.

Während Effizienz und Konsistenz durch die Veränderung von Produkten und Produktionsprozessen weniger Ressourcen aufwenden sollen, setzt die Suffizienz bei den Menschen und deren Bedürfnissen an. Suffizienz bedeutet, den Ressourcen- und Naturverbrauch durch andere Verhaltensmuster und Lebensweisen zu verringern. Der Begriff leitet sich ab vom lateinischen Verb *sufficere*, das mit ausreichen, genügen oder fähig sein übersetzt wird. Als Nachhaltigkeitsstrategie bedeutet das, danach zu fragen, was nötig ist, was ausreicht und wie viel genügt, um ein gelingendes, ein gutes Leben zu führen. Damit rücken Bedürfnisse, Alltagspraktiken und Konsumverhalten und nicht Produkte ins Blickfeld. Mit anderen Worten: Effizienz und Konsistenz setzen auf im weitesten Sinn technische, Suffizienz dagegen auf soziale Innovationen.

Der Unterschied zwischen den Strategien sei schlaglichtartig an zwei Themenfeldern aus den Bereichen verdeutlicht, die in dieser Broschüre ein zentrale Rolle spielen: Wohnen und Mobilität. Nachhaltigkeit im Bereich Wohnen wird gegenwärtig primär mit Nachhaltigkeit beim Bauen übersetzt. Beim Neubau heißt das insbesondere verbesserte Wärmedämmung und der Einsatz erneuerbarer Energien für Heizung, Beleuchtung und Warmwasser. Unter energetischer Sanierung wird eine Ertüchtigung von bestehenden Gebäuden ebenfalls primär durch Dämmung verstanden, durch die Energieverluste minimiert und damit der CO_2-Verbrauch verringert werden. Mitunter kommen auch langlebige, erneuerbare oder recyclingfähige Baustoffe zum Einsatz. Diese baulichen und technischen Maßnahmen zur Nachhaltigkeit sind den Strategien der Konsistenz und Effizienz zuzuordnen. Sich mit der Suffizienzstrategie dem Wohnen zu widmen bedeutet hingegen zum Beispiel, zu überlegen, welche unterschiedlichen Bedürfnisse sich mit dem Wohnen verbinden und wie diese befriedigt werden können, ohne beständig „mehr haben wollen zu müssen“, wie Uta von Winterfeld den Druck beschrieben hat, der durch permanentes Wachstumsstreben entsteht.[4] So verändert sich im Lebensverlauf etwa der Bedarf an Platz. Suffizienz meint in diesem Fall, die vorhandenen Wohnungen und Gebäude zu nutzen, ohne dem Bestehenden etwas Neues hinzuzufügen. Mögliche Alternativen wären Wohnungstausch, flexible Grundrisse oder mehr Flächen, die gemeinschaftlich genutzt werden. Sollten neue Wohnungen zwingend erforderlich sein, ist zu prüfen, wie das Wohnumfeld gestaltet sein muss, damit trotz kleiner Wohnfläche pro Kopf die Lebensqualität erhalten bleibt.

Dieselbe Denkbewegung lässt sich im Bereich Mobilität nachvollziehen. Mit Effizienz- und Konsistenzmaßnahmen wird derzeit primär versucht, Autos als dominante Verkehrsmittel nachhaltiger zu machen. Sie werden in der Herstellung und im Verbrauch optimiert oder mit neuen Antriebstechnologien basierend auf erneuerbaren Energiequellen ausgestattet. Zuvorderst sei hier die Förderung der Elektromobilität genannt. Mobilität durch die Brille der Suffizienz betrachtet bedeutet Lösungen für das zugrundeliegende Anliegen zu finden: Für das Bedürfnis sicher, schnell und komfortabel von A nach B zu gelangen. Gibt es Alternativen zum Auto? Für die individuelle Mobilität geraten das Fahrrad, der ÖPNV, das Zu-Fuß-gehen oder die geteilte Nutzung privater PKW in den Blick. In Bezug auf die Mobilitätsinfrastruktur heißt Suffizienz, Möglichkeiten zu schaffen, diese Fortbewegungsarten durch den Ausbau entsprechender Infrastrukturen und kostengünstiger Angebote beim ÖPNV zu fördern. Daneben gilt es unter dem Blickwinkel der Mobilitätssuffizienz grundsätzlich danach

Pointiert formuliert: Effizienz und Konsistenz wohnt das Versprechen inne, alles könne so bleiben, wie es ist, nur mit besseren Produkten und Produktionsprozessen. Suffizienz hingegen geht von nicht ausweitbaren ökologischen Grenzen aus und stellt Wachstum als dominanten Konfliktlösungsmodus moderner Gesellschaften grundsätzlich in Frage.

zu fragen, welche Infrastrukturen/ Bedingungen es ermöglichen, die Wegelänge und Wegeanzahl insgesamt zu verringern.

Den drei Strategien gemeinsam sind die Anerkennung ökologischer Grenzen und die daraus abgeleitete Erkenntnis, dass der Ressourcen- und Naturverbrauch eingeschränkt werden muss, um soziale und ökologische Gerechtigkeit in Gegenwart und Zukunft zu ermöglichen. Ein wesentlicher Unterschied zwischen den Dreien besteht indes darin, dass insbesondere die Effizienz- aber auch die Konsistenzstrategie von der Vorstellung getragen wird, Wachstum und Ressourcenverbrauch entkoppeln zu können. Mit anderen Worten, dass es möglich ist, aus dem Vorhandenen mittels technischer Innovationen qualitativ und quantitativ mehr machen zu können. Die Suffizienz hingegen hält Entkopplung und damit unbegrenztes ökonomisches Wachstum vor dem Hintergrund begrenzter Ressourcen für unmöglich. Die drei Strategien unterscheiden sich deshalb auch in Bezug auf die zu ihrer Realisierung notwendige Eingriffstiefe in gesellschaftliche Prozesse. Pointiert formuliert: Effizienz und Konsistenz wohnt das Versprechen inne, alles könne so bleiben, wie es ist, nur mit besseren Produkten und Produktionsprozessen. Suffizienz hingegen geht von nicht ausweitbaren ökologischen Grenzen aus und stellt Wachstum als dominanten Konfliktlösungsmodus moderner Gesellschaften grundsätzlich in Frage. Entsprechend beinhaltet Suffizienz immer die Frage nach der gerechten Verteilung von Ressourcen. Denn wenn aus dem Vorhandenen nicht mehr gemacht werden kann, muss das zur Verfügung stehende geteilt werden.[5] Die Kombination aus impliziter Wachstumskritik, ökologischen Grenzen und Verteilungsfragen macht Suffizienz zu einer komplexen und konfliktreichen Angelegenheit (siehe Kapitel III).

In der Nachhaltigkeitsforschung wird seit geraumer Zeit darauf hingewiesen, dass sich die drei Strategien ergänzen, ja, dass ihre Kombination zwingend notwendig ist, um die jeweiligen Einsparpotentiale realisieren zu können

In der Nachhaltigkeitsforschung wird seit geraumer Zeit darauf hingewiesen, dass sich die drei Strategien ergänzen, ja, dass ihre Kombination zwingend notwendig ist, um die jeweiligen Einsparpotentiale realisieren zu können.[6] Um die negativen Effekte der technikbasierten Strategien und insbesondere Reboundeffekte zu minimieren, wäre es zwingend notwendig, die Suffizienz als Rahmenkonzept zu fassen und deren Ausgestaltung nach Effizienz- und Konsistenzgesichtspunkten zu betreiben. Für das Mobilitätssystem hieße das etwa, den motorisierten Individualverkehr weitestgehend einzuschränken und nachhaltigen Verkehrsformen (ÖPNV, Rad- und Fußverkehr) deutlich mehr Platz und Unterstützung zu geben. Würde zusätzlich die technische Ausstattung der Verkehrsmittel ressourceneffizient und auf der Basis erneuerbarer Energieträger gestaltet, könnten sich die Einsparungen, die sich aus Verhaltensänderungen und technischen Fortschritten ergeben, addieren. Von Suffizienz oder Genügsamkeit als Leitmotiv gesellschaftlicher Entwicklung allerdings kann bisher nicht die Rede sein. In einer wachstumsorientierten Welt, in der technische Entwicklungen, basierend auf historischer Erfahrung, gleichbedeutend mit gesellschaftlichem Fortschritt sind, ist allein die Frage, ob weniger genug sein könnte, ein Affront.

Das Weniger gestalten: Suffizienzpolitik

Suffizienzpolitik meint die Förderung von Maßnahmen, die den Ressourcenverbrauch in der Produktion und beim Konsum begrenzen. Als Nachhaltigkeitsstrategie, als planvoller Ansatz also, dessen Perspektiven, Instrumente und Maßnahmen gefördert und genutzt werden können, ist Suffizienz bis heute nicht auf der klima- oder umweltpolitischen Tagesordnung. Auf die Bedeutung von (kommunaler) Suffizienzpolitik ist in den letzten Jahren zumeist von Wissenschaftler*innen und Umweltaktivist*innen hingewiesen worden. Bislang mit begrenzter Resonanz. Während Umwelttechniken, Ressourceneffizienz und Maßnahmen, die die Konsistenzstrategie vorantreiben, ökonomisch und institutionell vielfältige Unterstützung von Politik und Wirtschaft erfahren, kann dies für die Suffizienzstrategie nicht in gleicher Weise konstatiert werden.

Politische Interventionen zur Suffizienz beschränken sich zumeist auf normativ gerahmte Apelle. Einwohner*innen werden aufgerufen, Maß zu halten und verantwortlicher zu konsumieren. Man solle weniger fliegen, weniger Fleisch essen, auf Autobahnen langsamer fahren, häufiger zu Fuß gehen oder öffentliche Verkehrsmittel nutzen. Der Suffizienzgedanke wird hier in Form von Aufrufen zum Verzicht beim persönlichen Konsum artikuliert. In eine ähnliche Richtung zielt das Konzept des ökologischen Fußabdrucks, eine Art Buchhaltungssystem für den individuellen Ressourcenverbrauch, mit dem sich berechnen lässt, wie viel Fläche benötigt wird, um die jeweilige Konsumweise zu realisieren.[7] Auch die viel diskutierte Kennzeichnungspflicht für Lebensmittel verortet die Verantwortung für ressourcenschonendes oder ressourcenintensives Verhalten beim Individuum. Wenn Verbraucher*innen nur ausreichend informiert sind, stellt sich, so der fromme Wunsch, das nachhaltige Handeln mit den entsprechenden Umwelteffekten gewissermaßen von selbst ein.

In dieser Publikation geht es um Suffizienzpolitiken, die die Reduktion des Naturverbrauchs nicht als individuelle Aufgabe sondern als gesellschaftliche Herausforderung begreifen.

In dieser Publikation geht es um Suffizienzpolitiken, die die Reduktion des Naturverbrauchs nicht als individuelle Aufgabe sondern als gesellschaftliche Herausforderung begreifen. Um Politiken also, die darauf abzielen, Menschen in die Lage zu versetzen, sich in ihrem Alltag so zu verhalten, dass sie weniger Ressourcen verbrauchen. Denn das Ausmaß des Ressourcenverbrauchs ist nicht, oder zumindest nicht allein und ausschließlich, vom Individuum und seinen Konsumentscheidungen abhängig, sondern steht im unmittelbaren Zusammenhang mit gesellschaftlichen Rahmenbedingungen. Kommunale Suffizienzpolitik ist in diesem Sinn nicht der Versuch, Menschen dazu zu bewegen, sich anders zu verhalten. Vielmehr besteht die Herausforderung darin, Infrastrukturen und Dienstleistungen so zu gestalten, dass Menschen möglichst wenige Ressourcen verbrauchen und dennoch ihre Bedürfnisse befriedigen können. Kurz: Es geht um die Gestaltung von kommunalen Infrastrukturen und Dienstleistungen, die ein ressourcenschonendes Verhalten ermöglichen und nahelegen.

Ob und in welchem Umfang ein ressourcenleichtes Leben möglich ist, hängt von kulturellen Leitbildern ebenso ab wie von den zur Verfügung stehenden Infrastrukturen. Bei-

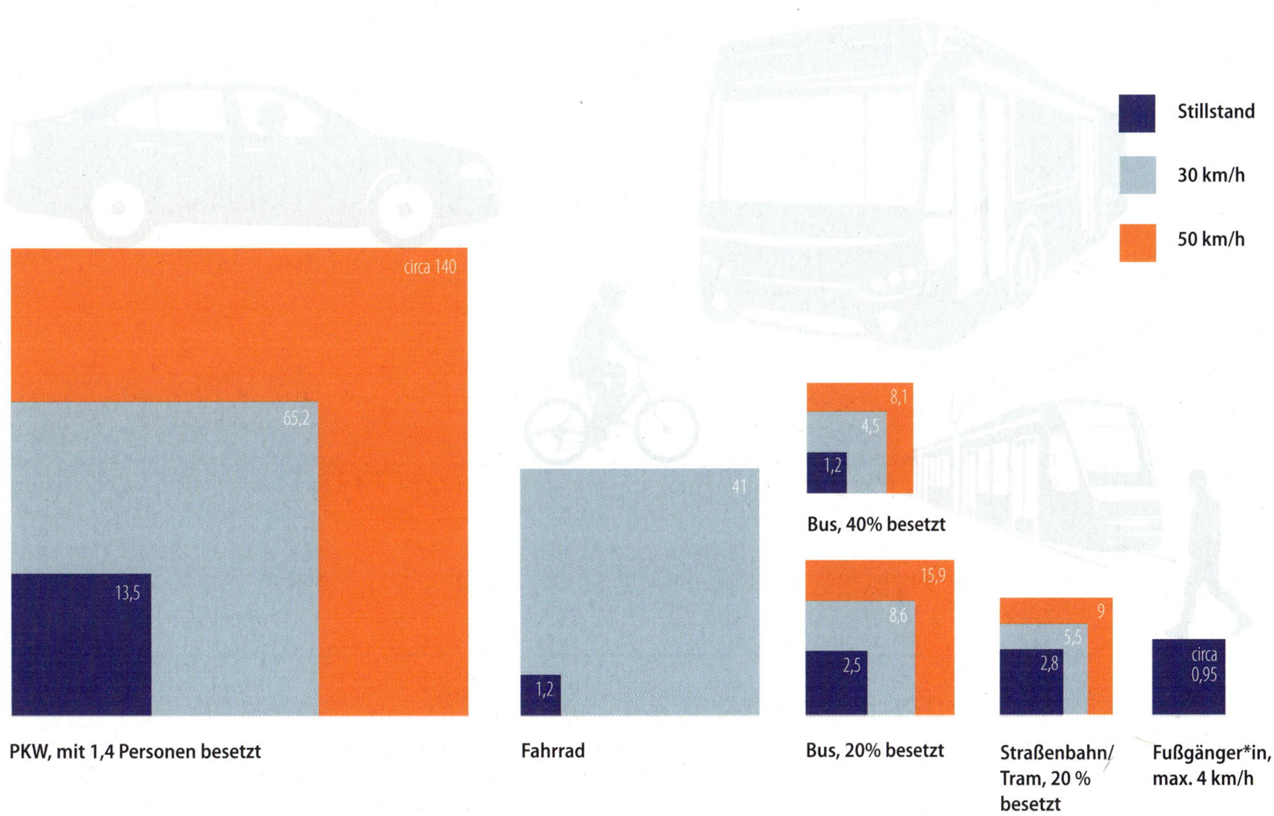

*Dargestellt ist die Fläche, die unterschiedliche Verkehrsarten – PKW, Bus, Straßenbahn, Stadtbahn, Fahrrad, Fußgänger*in – pro Person in Anspruch nehmen. Berechnungsgrundlage sind Länge und Breite der Verkehrsmittel, deren Bremsweg plus der doppelte Reaktionsweg als Sicherheitsabstand. Das Auto benötigt mit Abstand die meiste Fläche, während der ÖPNV, insbesondere bei hoher Auslastung, flächenschonend ist.*
Daten: Martin Randelhoff, zukunft-mobilität.net. CC BY 3.0

des prägt Normalitätsvorstellungen und Erwartungshaltungen. Der Besitz eines Einfamilienhauses oder einer Eigentumswohnung gilt als wesentliches Merkmal dafür, es im Leben zu etwas gebracht zu haben. Ähnlich verhält es sich mit großen, leistungsstarken Autos. Wie stark Leitbilder verankert sind, wird immer dann spürbar, wenn sie in Frage gestellt werden. In den mit großer Verve, ja mitunter Aggression geführten Diskussionen um das Tempolimit auf Autobahnen oder um die Einführung der sogenannten *Pop-up Bike Lanes* geht es eben nicht nur um konkurrierende (umwelt-)politische Positionen. In diesen Debatten wird vielmehr auch um gesellschaftliche Werthaltungen und um das, was als *normal*, was als gegeben gelten kann, gerungen. Suffizienzpolitik kann dazu beitragen, Normalitätsvorstellungen zu verschieben, indem durch die Gestaltung urbaner Räume nachhaltige Verhaltensweisen unterstützt und nicht-nachhaltiges Handeln erschwert wird.

Suffizienzpolitik und Flächenknappheit

„Kauft Land, es wird keines mehr gemacht", soll Mark Twain gesagt haben. Tatsächlich lässt die steigende Nachfrage nach Land verfügbare Flächen in Kommunen knapp werden. Der Wohnflächenbedarf steigt kontinuierlich, jedes Jahr werden mehr und immer größere Autos zugelassen, gleichzeitig sollen Nachhaltigkeitsziele erreicht und Ressourcen in Städten geschont werden. Städte sollen lebendig und lebenswert sein – und resilient werden gegenüber den Folgen des Klimawandels und anderen gravierenden Umweltveränderungen. In vielen Kommunen wird zunehmend spürbar, wie die Knappheit der Flächen die politischen Handlungsspielräume der lokalen Politik und Verwaltung einschränkt. Weil es vielerorts keine oder nur noch wenige Flächen in kommunaler Hand gibt, können Kommunen entstehende Konkurrenzen zwischen unterschiedlichen Nutzungsansprüchen weniger direkt mitgestalten. Die entstehenden Konflikte können aber oftmals nicht mehr durch Wachstum, sprich durch eine weitere Ausdehnung der Siedlungsfläche in den Außenbereich gelöst werden, da dort Flächenknappheit herrscht oder andere Nutzungsansprüche bestehen. Zudem stellt der Flächenverbrauch ein aktuell virulentes ökologisches Problem dar, da täglich noch immer rund 66 Hektar Land neu in Anspruch genommen werden. Und nicht zuletzt stehen bei der Nutzung von Flächen immer auch soziale Fragen im Fokus, die sich, einhergehend mit der angesprochenen Knappheit, in zahlreichen Kommunen zusehends verschärfen und städtische Räume zu umkämpften Räumen werden lassen.[8] Wohnen und Mobilität sind die beiden Bereiche, die den größten Beitrag zur Flächeninanspruchnahme leisten.

Die entstehenden Konflikte können aber oftmals nicht mehr durch Wachstum, sprich durch eine weitere Ausdehnung der Siedlungsfläche in den Außenbereich gelöst werden, da dort Flächenknappheit herrscht oder anderer Nutzungsansprüche bestehen.

Doch woher kommt der Hunger nach Fläche? In den letzten Jahrzehnten haben wachsender gesellschaftlicher Wohlstand und kulturelle Leitbilder den Flächenverbrauch befördert. Diverse Subventionen und Steuererleichterungen, wie etwa die Pendlerpauschale, die Abwrackprämie, das Baukindergeld oder die Eigenheimzulage schufen zudem Anreize für ressourcenintensive Lebensstile. Ähnliche Dynamiken zeigen sich im Mobilitätsbereich in Bezug auf das Automobil, dessen Verbreitung als Hauptursache für die Flächeninanspruchnahme im Verkehrssektor gelten kann, schlicht weil das Auto ein flächenintensives Verkehrsmittel ist. Der Flächenbedarf liegt sowohl im ruhenden Verkehr als auch in der Nutzung um ein Vielfaches über dem des ÖPNV, des Rad- oder Fußverkehrs. Analog zum Wohnbereich gibt es auch hier verschiedene soziokulturelle, ökonomische und politisch-rechtliche Rahmensetzungen, wie das sogenannte Dienstwagenprivileg oder Stellplatznachweispflichten, die eben diese Mobilitätsform gegenüber öffentlichen und flächensparenden Alternativen wie Bus, Bahn oder Fahrrad bevorzugen.

Zudem liegt in der Finanzierung der Kommunen selbst eine Ursache für deren oftmals expansive Flächenpolitik. Da die maßgeblichen Einnahmen der Kommunen von Einwohner*innenzahlen und Gewerbeansiedlungen abhängig sind, konkurrieren diese im Wesentlichen über die Ausweisung von attraktivem Bauland – als Angebot an Einwohner*innen und Gewerbebetriebe – miteinander und lassen so noch immer den Flächenbedarf steigen.

Von gestern? Kommunale Suffizienzpolitik

Um dem Druck auf die Fläche zu begegnen, greifen Kommunen, manche davon werden in Kapitel IV näher beschrieben, auf viele bereits seit Jahrzehnten in der Stadtentwicklung und Raumplanung bekannte Konzepte zurück. Sei es das Leitmotiv der Stadt der kurzen Wege, die funktionsgemischte Stadt oder die eingangs bereits erwähnte Innen- vor Außenentwicklung. Diese Maßnahmen verbindet die Vision einer Stadt als Konglomerat kleinteiliger Strukturen, die überschaubar sind und in denen die Bedürfnisse des Alltags mit möglichst wenig Aufwand befriedigt werden können. Für Jan Gehl lässt sich dies realisieren, wenn Städte nach „menschlichem Maß" gestaltet werden.[9] Gehl, Stadtplaner und Architekt aus Kopenhagen, hat maßgeblich dazu beigetragen, die dänische Hauptstadt in den letzten Jahrzehnten nach dieser Prämisse umzugestalten. Menschliches Maß bedeutet zum Beispiel die Mobilitätsinfrastruktur nicht am Tempo der Automobilität auszurichten, sondern an dem der Fußgänger- und Fahrradfahrer*innen. In Kopenhagen wurde Stadtentwicklung dem entsprechend in den vergangenen 40 Jahren genau gegenläufig zum dominanten Modell der autogerechten Stadt praktiziert. Sukzessive wurde das Autofahren deprivilegiert, die Nutzung des Fahrrads oder das Zu-Fuß-Gehen hingegen gefördert; durch Straßensperrungen, Tempolimits und die Wegnahme von Parkplätzen einerseits sowie den erheblichen Ausbau der Fahrradinfrastruktur auch weit jenseits der Innenstadt andererseits. Kopenhagen zählt heute zu einer der fahrradfreundlichsten Städte der Welt und wurde wiederholt zu der Stadt mit der höchsten Lebensqualität gewählt.

In einer Umfrage aus dem Jahr 2018 wurden die Einwohner*innen von Kopenhagen gefragt, warum sie das Fahrrad nutzen.[10] Die Antworten waren sehr aufschlussreich: Nur sieben Prozent der Befragten gaben an, das aus Umweltschutzgründen zu tun. Dagegen sagten 56 Prozent, sie radelten, weil sie so am schnellsten in der Stadt voran kämen und weil das die einfachste Fortbewegungsart sei. Alles, was an der Nutzung des Rades jenseits der Schnelligkeit positiv zu nennen wäre, gesundheitliche oder ökologische Aspekte etwa, taucht in der Statistik nur am Rande auf. In Kopenhagen ist es gelungen, mit politischen Entscheidungen und der entsprechenden Veränderung von Infrastrukturen ein Umfeld zu schaffen, in dem es für Menschen aus rein alltagspraktischen Gründen sinnvoller und praktischer ist, das Auto stehen zu lassen und das Fahrrad zu nutzen.

Jan Gehl ist sehr erfolgreich mit seiner Idee „Städte für Menschen", so der Titel seines bekanntesten Buches, zu entwickeln. Städte, die aus lebendigen Nachbarschaften und kleinteiligen, heterogenen, dichten, nutzungsgemischten Quartieren bestehen, welche sich um öffentliche Plätze oder Grünanlagen gruppieren und in denen man zu Fuß den Großteil der Wege zurücklegen kann. Gehls Büro berät Städte auf der ganzen Welt. Das Vorgehen zeigt, dass Suffizienz als Nachhaltigkeitsstra-

Kopenhagen gilt als ***die*** *fahrradfreundliche Stadt schlechthin. Fragt man die Kopenhagener*innen warum sie das Fahrrad benutzen, wird deutlich, wie die dänische Hauptstadt zu ihrem Ruf kommt: Fahrradfahren wird von Vielen als die schnellste und einfachste Art der Fortbewegung angesehen.*
Daten: City of Copenhagen, 2017

tegie im Rahmen von Stadtentwicklungsprozessen, Lebensqualität und soziale und ökologische Nachhaltigkeit miteinander verbinden kann. Allein: Die Idee ist nicht neu. Bereits mittelalterliche Städte waren in Teilen so beschaffen. Man kann den Eindruck gewinnen, dass auch dieser Mangel an Originalität ein Grund ist für die vielfältigen Widerstände, auf die diejenigen stoßen, die Konzepte wie die Stadt der kurzen Wege umsetzen möchten. Viele Suffizienzmaßnahmen sind nicht grundlegend neu im Sinne von etwas noch nie Gedachtem oder Praktiziertem. Die Suffizienz bedient, anders als die Konsistenz und die Effizienz, kein klassisches Fortschrittsversprechen. Sie enttäuscht die Hoffnung, mit bis dato unbekannten technischen Innovationen oder schlicht durch Wachstum Probleme lösen zu können, ohne gegenwärtiges Handeln und Normalitätserwartungen grundlegend verändern zu müssen. Suffizienz als Nachhaltigkeitsstrategie zu verfolgen bedeutet, gravierende Veränderungen voranzutreiben und mitunter unbequeme Entscheidungen treffen zu müssen. Unbequem deshalb, weil es den gängigen Normalitätserwartungen nicht entspricht, auf etwas zu verzichten. Und wenn schon verzichtet werden muss, dann wäre es doch wenigstens schön, dafür etwas zu bekommen, das neu ist und nichts, das man bereits kennt oder zu kennen glaubt.

Suffizienzpolitik verortet die Verantwortung für eine sozial und ökologisch nachhaltige und gerechte Zukunft nicht primär in der Ökonomie und nicht im Bereich der Technik, sondern beim Gemeinwesen. Dort sollen die Konturen einer Gesellschaft des Weniger umrissen werden, denn Nachhaltigkeit ist keine individuelle Aufgabe. Gemessen an den globalen Herausforderungen kann es dies gar nicht sein. Sich gemeinschaftlich für Suffizienzpolitik einzusetzen bedeutet vor allem, nicht nur zu fragen, was zu viel ist, sondern sich für das Recht jedes Einzelnen einzusetzen, „nicht immer mehr haben wollen zu müssen".[11]

Viele Suffizienzmaßnahmen sind nicht grundlegend neu im Sinne von etwas noch nie Gedachtem oder Praktiziertem. Die Suffizienz bedient, anders als die Konsistenz und die Effizienz, kein klassisches Fortschrittsversprechen.

Das Lastenfahrrad **ersetzt** in 30 Prozent aller Haushalte, die ein Lastenrad besitzen, **ein Auto.**

III. Weniger ist schwer: Hemmnisse kommunaler Suffizienzpolitik

Die Regelmäßigkeit, mit der die politischen Ziele im Umwelt- und Klimabereich verfehlt werden, lässt vermuten, dass es hier um strukturelle Probleme geht. Es gibt wirkmächtige ökonomische, kulturelle, politische und rechtliche Zwänge, die den Ressourcenverbrauch systematisch befördern. Diese Zwänge sollen im folgenden Kapitel ausgeleuchtet werden, um so die Spielräume von Suffizienzpolitik zu vermessen.

Auf die Frage eines Schülers, womit der YouTuber Rezo in seinem „Zerstörungs"-Video recht habe, antwortete Bundeskanzlerin Angela Merkel: „Na, beim Klimaschutz, dass wir unsere Verpflichtungen nicht eingehalten haben. Wenn man sich ein Ziel setzt und nicht einhält, dann muss man dazu Stellung nehmen." Rezo hatte sich in seinem Video vor allem der unzureichenden Klimaschutzpolitik der Großen Koalition gewidmet, dabei auf die Klimaschutzziele für 2020 verwiesen, die krachend verfehlt werden, und festgestellt: „Vorsätze machen und diese dann nicht einhalten?! Dies ist etwas für Silvester, nicht aber für verantwortungsvolle Politiker".

Hätte Rezo den Blick über die Klimapolitik hinaus erweitert, so wäre ihm aufgefallen, dass die Nichteinhaltung politischer Zielsetzungen im Umwelt- und Nachhaltigkeitsbereich eher die Regel als die Ausnahme darstellt. Die anhaltende Diskussion um die Überschreitung der Grenzwerte für Stickoxide und Feinstaub in deutschen Städten ist ein weiteres prominentes Beispiel, das selbst wiederum eine Folge der Verfehlung von weiteren umweltpolitischen Zielen darstellt. So zum Beispiel im Bereich der

© Brydon McCluskey, unsplash

Insgesamt 47 Mio. private PKW fahren mittlerweile auf Deutschlands Straßen, Tendenz steigend.

Abb. unten: Flächennutzung in Deutschland in Hektar. In den letzten 30 Jahren sind in Deutschland fast eine Million Hektar Land für die Siedlungsentwicklung in Anspruch genommen worden. (Eigene Darstellung 2020 nach Statistisches Bundesamt 2020).

Mobilität: Im Jahr 2009 verabschiedete die Bundesregierung ihren „Nationalen Entwicklungsplan Elektromobilität", der vorsah, dass bis zum Jahr 2020 von den damals etwa 41 Millionen Autos auf deutschen Straßen mindestens eine Million elektrisch angetrieben werden. Im Jahr 2019 zählte das Kraftfahrt-Bundesamt 83.200 zugelassenen Elektroautos in Deutschland. Damit wird das Ziel der Bundesregierung auf geradezu groteske Weise verfehlt. Da die ökolgische Nachhaltigkeit von Elektromobilät umstritten ist, mag dies für eine Mobilitätswende nur bedingt problematisch erscheinen. Schwerer wiegt in diesem Zusammenhang aber das Folgende: Im gleichen Zeitraum, also den vergangenen 10 Jahren, sind weitere 5 Millionen Autos mit Verbrennungsmotor hinzugekommen, so dass der Gesamtbestand sich mittlerweile auf knapp 47 Millionen privat genutzte PKWs beläuft. Dabei lagen die Zulassungsraten übrigens am höchsten in dem aus Umweltsicht besonders problematischen Segment der Sports Utility Vehicles (SUVs).

Noch ein Beispiel: In den letzten 30 Jahren ist die Siedlungsfläche in Deutschland um fast eine Million Hektar angewachsen, aktuell werden für Straßen, Wohn- und Gewerbeflächen täglich etwa 66 Hektar Land neu versiegelt. Dies ist in mehrfacher Hinsicht problematisch, da Land eine grundsätzlich begrenzte Ressource ist und versiegelte Flächen sowohl zum Verlust von Biodiversität und fruchtbaren Böden beitragen als auch die Verwundbarkeit von Siedlungen gegenüber den Folgen des Klimawandels (wie Starkregenereignissen) erhöhen. Da diese Problematik schon länger bekannt ist, hatte sich die Bundesregierung bereits 2002 in ihrer Nachhaltigkeitsstrategie darauf festgelegt, den anhaltenden Flächenfraß, von damals 115 Hektar pro Tag, bis zum Jahr 2020 auf 30 Hektar pro Tag zu reduzieren. Derzeit sind die täglichen Neuversiegelungen noch mehr als doppelt so hoch; die Bundesregierung hat die Erreichung des Flächenziels inzwischen auf das Jahr 2030 verlegt.

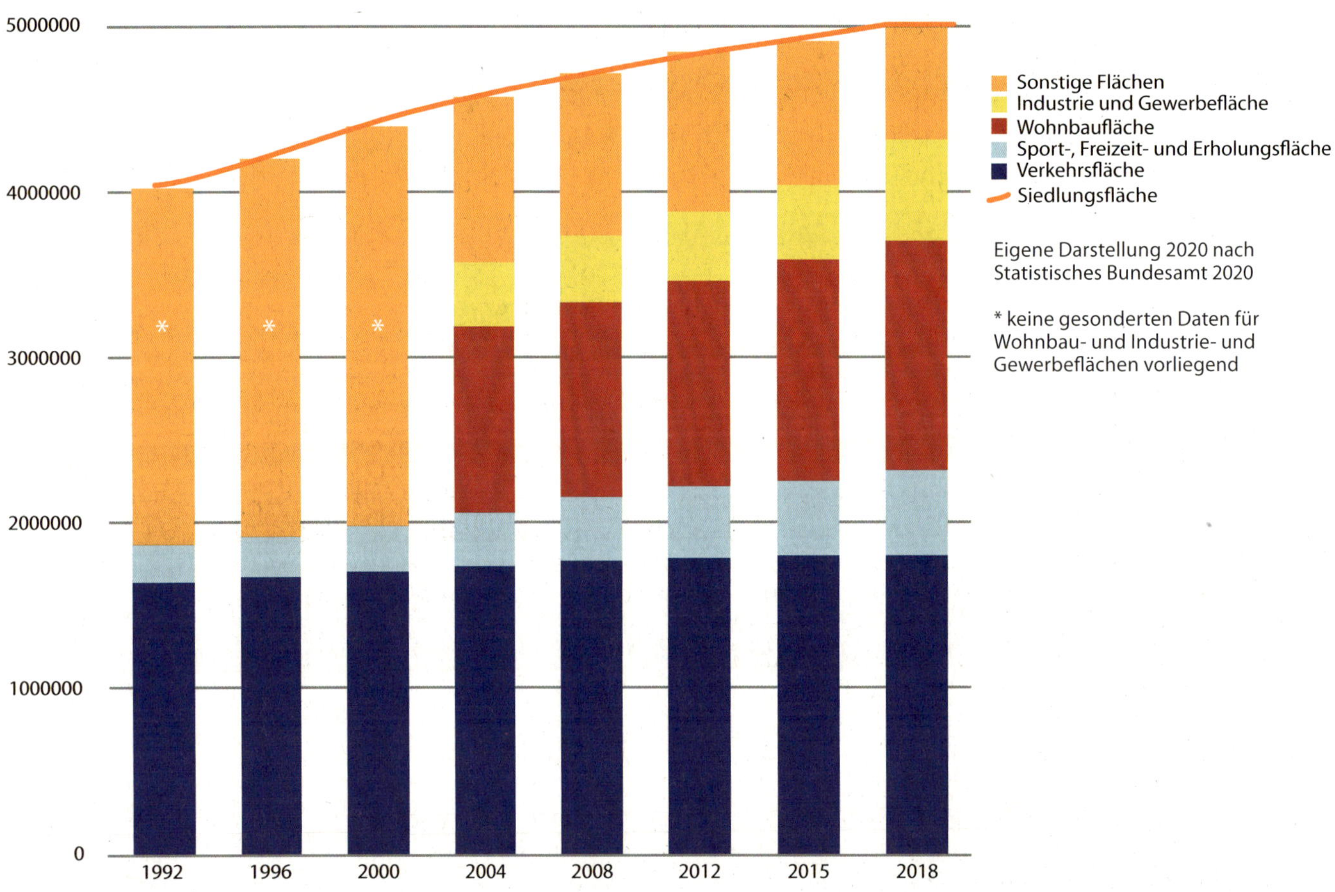

Eigene Darstellung 2020 nach Statistisches Bundesamt 2020

* keine gesonderten Daten für Wohnbau- und Industrie- und Gewerbeflächen vorliegend

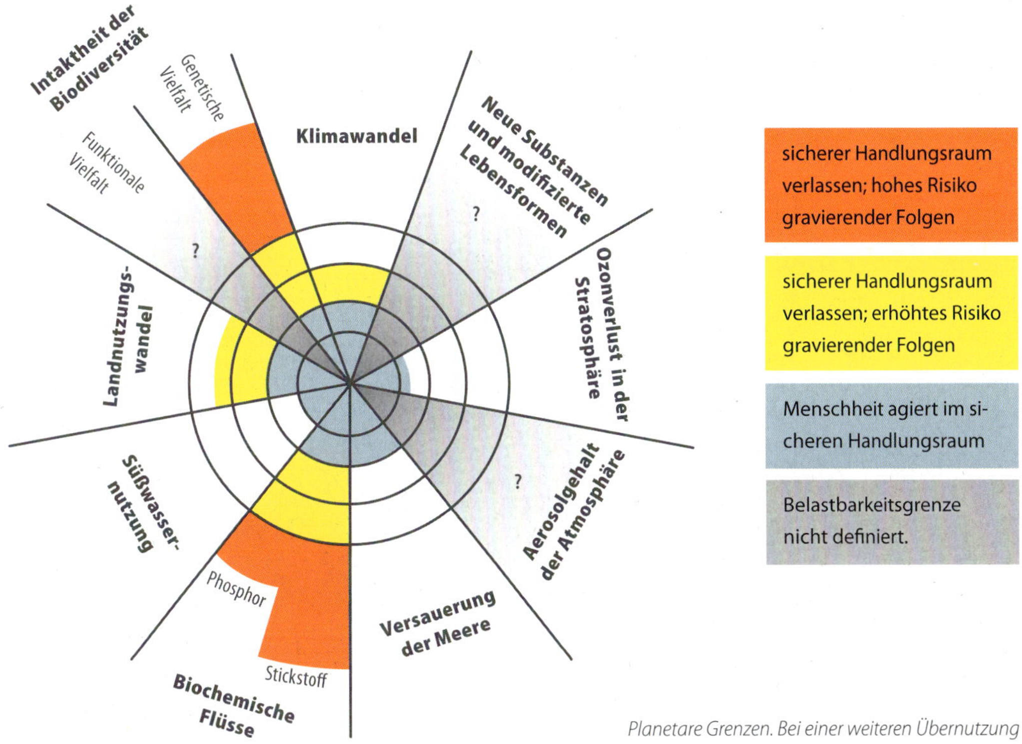

Planetare Grenzen. Bei einer weiteren Übernutzung besteht die Gefahr einer Zerstörung der natürlichen Lebensgrundlagen im globalen Maßstab. In dem Bereichen „Klimawandel", „Biodiversität" und „Veränderung des Stickstoffzyklusses" gelten die Grenzen bereits als überschritten.[1]

In diesem Kapitel liegt der Fokus auf den Zwängen, welchen Kommunen in Punkto Flächenverbrauch ausgesetzt sind. Kommunen nehmen elementare öffentliche Aufgaben für die Menschen vor Ort wahr. Sie stellen die wesentlichen Leistungen und Infrastrukturen für die Befriedigung der Grundbedürfnisse der Einwohner*innen zur Verfügung (Daseinsvorsorge) und gewähren eine Vielzahl von weiteren öffentlichen Leistungen, die die Lebensqualität und die soziale Teilhabe der Menschen vor Ort sicherstellen.

Welche Entwicklungen treiben Kommunen nun zu einer expansiven Siedlungspolitik, und was hindert sie daran, darauf zu verzichten? Die Antwort darauf liegt in einem komplexen Zusammenspiel zwischen verschiedenen Ebenen, das sich im Laufe der Zeit in Deutschland etabliert hat und die Lebensstile und Verhaltensweisen der Menschen prägt. Mit steigendem Wohlstand haben sich auf der Grundlage einer wachstumsorientierten Wirtschafts- und Sozialordnung kulturelle Leitbilder und persönliche Lebensstile herausgebildet, die mit kontinuierlich wachsenden und immer stärker individualisierten Ansprüchen verknüpft sind. Diese werden wiederum durch politische und rechtliche Rahmenbedingungen abgesichert. Dies wirkt sich auch auf das Aufgabenverständnis der Kommunen aus. Steigende Anforderungen an ihre Leistungen treiben Kommunen zu einer expansiven Siedlungspolitik, und auch die damit verbundenen Finanzbedarfe können nur über Wachstum erwirtschaftet werden. Einer Siedlungspolitik, die auf Wachstum verzichtet, stehen dagegen vielfältige Hindernisse entgegen.

Die Wirtschafts- und Sozialordnung: Wachstum als Garant für sozialen Ausgleich

Das Grundgesetz enthält keine konkrete Wirtschafts- und Sozialordnung, sondern überlässt ihre Ausgestaltung der Politik. Stattdessen zieht es Grenzen für die Gestaltungsfreiheit des Gesetzgebers. Zu diesem Zweck gewährt es individuelle Freiheitsrechte als Abwehrrechte gegen den Staat, zum Beispiel die freie Entfaltung der Persönlichkeit oder das Eigentumsrecht, und definiert Staatsziele. Von Bedeutung sind hier vor allem das Sozialstaatsprinzip und das Umweltschutzprinzip. Sie verpflichten den Gesetzgeber, die ökonomischen, sozialen und ökologischen Bedingungen so zu gestalten, dass ein menschenwürdiges Dasein und die Ausübung der Grundrechte für alle möglich ist und die natürlichen Grundlagen für das Leben erhalten bleiben.

Innerhalb der Grenzen des Grundgesetzes wird die Wirtschafts- und Sozialordnung in Deutschland durch die Politik gestaltet. Der Gesetzgeber hat diese Ordnung wachstumsorientiert ausgestaltet. Zwingend erforderlich ist dies allerdings nicht.

In diesem Spannungsfeld zwischen Freiheitsrechten und Staatszielen hat die Politik nach dem Zweiten Weltkrieg die soziale Marktwirtschaft als eine nach dem Grundgesetz mögliche Wirtschafts- und Sozialordnung entwickelt. Über einen entsprechenden gesetzgeberischen Rahmen wäre innerhalb dieser Verfassungswirklichkeit eine wachstumsunabhängige Ordnung möglich. In der Praxis ist der Gesetzgeber jedoch einen anderen Weg gegangen und hat die Funktionsfähigkeit der sozialen Marktwirtschaft an eine Wachstumsorientierung geknüpft. Ein kräftiges, kontinuierliches Wirtschaftswachstum, verbunden mit einem erheblichen Anstieg des materiellen Wohlstands, war die Folge. Dies lässt sich an der preisbereinigten Entwicklung des Bruttoinlandsprodukts ablesen, das von 1950 bis 2012 um das knapp Achtfache angestiegen ist.

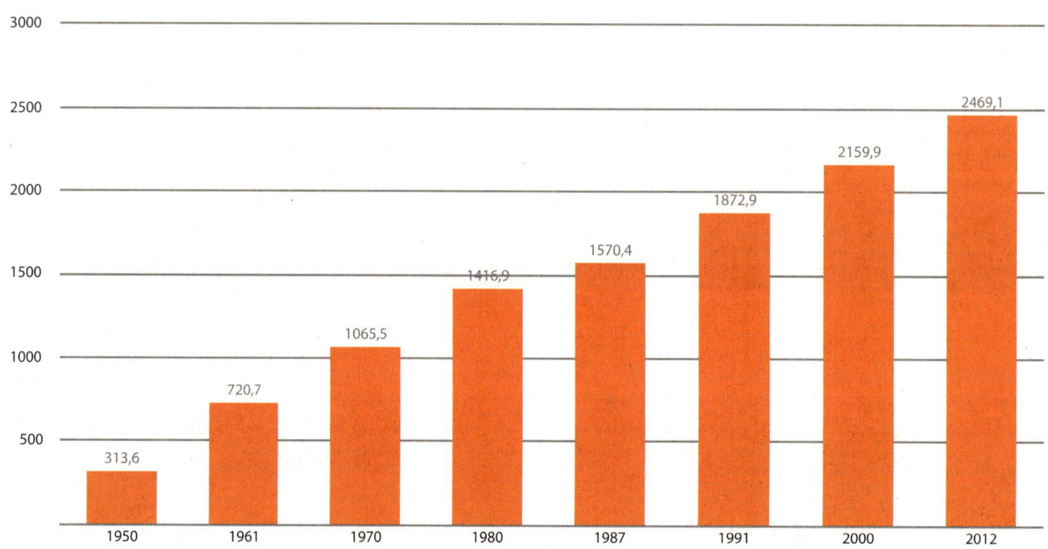

Entwicklung des Bruttoinlandsprodukts in Mrd. € (bezogen auf konstante Preise aus 2005). In den letzten knapp 70 Jahren stieg das reale BIP von 313,6 Mrd. € auf 2.469,1 Mrd. €. (Eigene Darstellung 2020 nach Bundeszentrale für politische Bildung, Deutschland in Daten, volkswirtschaftliche Gesamtrechnungen, BIP, 2016)

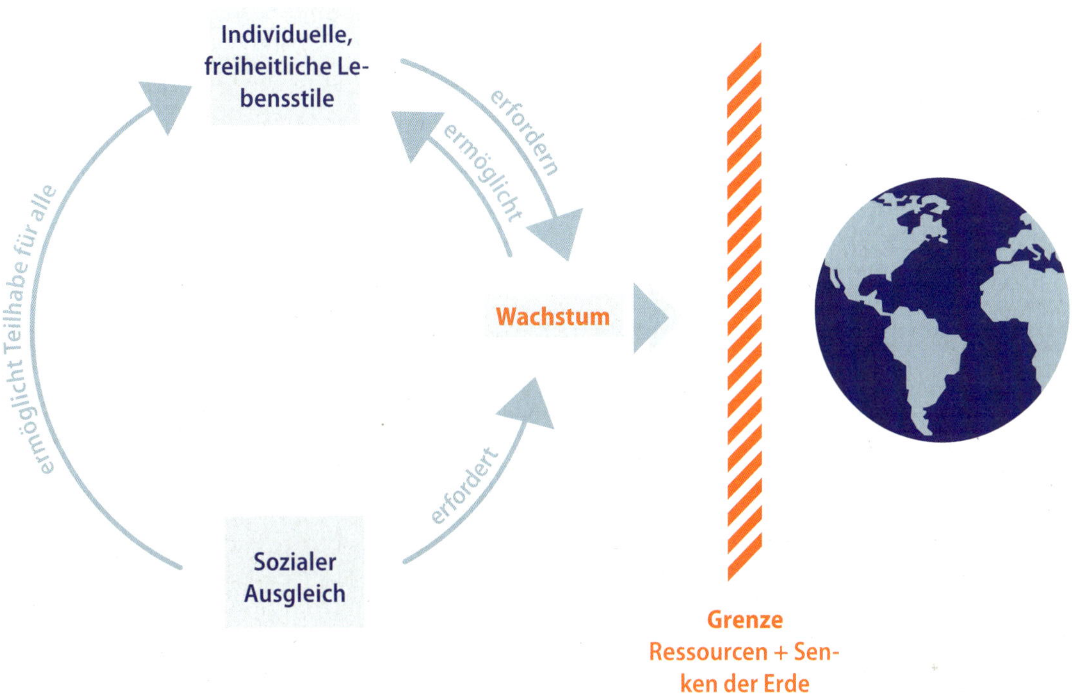

Die Grafik veranschaulicht die Wachstumsabhängigkeit einer Wirtschafts- und Gesellschaftsordnung, die auf ein immer Mehr an individuellen Freiheiten und Lebensstilen ausgerichtet ist, die sich an materiellem Wohlstand orientieren. Wachstum ermöglicht mehr Wohlstand, und dieser wieder aufwändigere und individuellere Lebensstile. Um eine Teilhabe aller daran zu gewährleisten, bedarf es eines sozialen Ausgleichs, d.h. des Ausbaus von öffentlichen Leistungen, deren Finanzierung wiederum weiteres Wachstum erfordert. Gibt es für dieses Mehr an Wohlstand keine Grenze, entsteht ein Kreislauf, der immer weiteres Wachstum erfordert. Wachstum wird so zu einem zentralen Argument, immer mehr individuelle Freiheit für alle zu ermöglichen und dabei Verteilungskonflikten vorzubeugen. Diese Dynamik stößt aber an eine Grenze, nämlich die natürlichen Ressourcen und Senken der Erde, die nur begrenzt zur Verfügung stehen.

Wachstum als Orientierung

In der Aufbauphase nach dem Zweiten Weltkrieg ergab sich diese Entwicklung scheinbar von selbst. Hohe Wachstumsraten führten zu Vollbeschäftigung und ermöglichten eine erhebliche Steigerung der Einkommen und einen Ausbau von sozialen Sicherungssystemen. Mitte der 1960er Jahre war dies jedoch vorbei, die Wachstumsraten fielen, Arbeitslosigkeit und staatliche Verschuldung entstanden. In dieser Situation waren verstärkte Bemühungen erforderlich, um Wirtschaftswachstum aufrecht zu erhalten und damit weiter steigenden Wohlstand und wachsende soziale Sicherheit zu gewährleisten. Der Staat übernahm die Verantwortung für das gesamtwirtschaftliche Gleichgewicht (Globalsteuerung) und definierte als Ziele ein angemessenes stetiges Wachstum, hohe Beschäftigung, Preisstabilität und ein außenwirtschaftliches Gleichgewicht (das sogenannte magische Viereck). Der Phase einer nachfrageorientierten Globalsteuerung schloss sich ab den 1980er Jahren eine angebotsorientierte Deregulierungspolitik an. Dennoch blieb die Arbeitslosigkeit weiter auf hohem Niveau und die Staatsverschuldung stieg, während die Realeinkommen sanken und die Ungleichheit in der Vermögensverteilung anstieg. Wirtschaftswachstum wurde immer notwendiger, damit die öffentlichen Finanzen, die sozialen Sicherungssysteme und das Bildungs- und Gesundheitssystem nicht in Schieflage gerieten, zusätzliche Arbeitsplätze entstanden und wachsender Wohlstand – bei weiterhin steigender Ungleichheit - auch in den unteren Einkommensschichten gewährleistet werden konnte. Wirtschaftswachstum wurde so auch zum zentralen Argument, um Verteilungskonflikten vorzubeugen und soziale Teilhabe zu ermöglichen. Auch aktuell gilt Wachstum nach wie vor als Garant für sozialen Ausgleich. Diese Wachstumsabhängigkeit moderner Gesellschaften ist aus ökologischer Hinischt fatal. Die immer größeren Umsätze an Dienstleistungen und Produkten lassen den Naturverbrauch steigen. Der Notwendigkeit, die planetaren Grenzen einzuhalten, begegnet die Politik nicht mit der Frage nach einer sinnvollen Grenze für Wachstum und der Annahme der Herausforderung, Wohlstand unter den Bedingungen stagnierenden oder schrumpfenden Wachstums umzuverteilen. Sie setzt ihre Hoffnung vielmehr auf technische Lösungen, die ein dauerhaftes, jedoch „grünes" Wachstum weiter ermöglichen sollen. Diese grundsätzliche Orientierung der Wirtschafts- und Gesellschaftsordnung an Wachstum wirkt sich auch unmittelbar auf das Aufgabenverständnis der Kommunen aus.

Politik muss die Herausforderung eines sozialen Ausgleichs unter den Bedingungen stagnierenden oder schrumpfenden Wachstums mit Blick auf die planetaren Grenzen annehmen.

Kulturelle Leitbilder, Individualisierung und Lebensstile

Das Einfamilienhaus im Grünen ist ein fest verankertes kulturelles Leitbild in Deutschland. Zwischen 1995 und 2019 ist die Zahl der Wohngebäude mit nur einer Wohnung um 30 Prozent gestiegen.

Mit steigendem Wohlstand haben sich die Lebensstile der Menschen und ihre sozialen Praktiken gewandelt. Im Zuge eines Individualisierungstrends haben sich Familienmodelle und Lebensentwürfe geändert, was sich im Wohnbereich durch eine erhöhte Nachfrage nach Ein- und Zweipersonenwohnungen äußert. So ist eine spätere Familiengründung zu beobachten, wodurch junge Erwachsende länger in tendenziell kleineren Wohnarrangements wohnen.[2] Getrennt lebende Eltern, Ledige oder Geschiedene sind gesellschaftlich akzeptierter und normaler als noch vor einigen Jahrzehnten und damit eine Ursache für kleinere Haushalte und die steigende Wohnfläche pro Kopf.[3] In diesem Zusammenhang ist auch der sogenannte Remanenzeffekt von Bedeutung, der beschreibt, dass ältere Menschen nach dem Auszug ihrer Kinder und/oder Partner*innen in großen Wohnungen verbleiben.

Darüber hinaus entwickelte sich im westlichen Nachkriegsdeutschland das Eigenheim im Grünen als Inbegriff der Vorstellung des guten Wohnens und als Statussymbol. Mit einem Eigenheim im suburbanen Raum lässt sich ein gewisser ökonomischer Wohlstand demonstrieren, welcher eng mit gesellschaftlichem Erfolg und Anerkennung verknüpft ist. Ein Einfamilienhaus ist jedoch nur für einen Teil der Bevölkerung finanzierbar. So ermöglicht diese Wohnform eine mittelständische, gut situierte Nachbarschaft und eine Abgrenzung gegenüber ökonomisch schwächeren Milieus. Das Einfamilienhaus im Grünen lässt sich aber auch als Flucht vor ungelösten innerstädtischen Pro-

© Blake Wheeler, unsplash

blemen beschreiben.[4] So werden Quartiere in der Innenstadt insbesondere aufgrund der Dominanz des motorisierten Verkehrs, für Kinder häufig als zu gefährlich angesehen, um auf der Straße zu spielen oder den Schulweg alleine zu bewältigen. Auch Lärm und schlechte Luftqualität werden als nicht kindgerechte Umgebung wahrgenommen, sodass das Wohnen im Grünen als Materialisierung der Fürsorge verstanden werden kann. Darüber hinaus fehlt es in der Kernstadt häufig an Grünanlagen in unmittelbarer Nähe zur Wohnung, in denen gegärtnert, gespielt, entspannt und Besuch empfangen werden kann, die also eine adäquate Alternative zum eigenen Garten darstellen könnten. Die Gestaltung des privaten Raums hängt somit eng mit dem Angebot und den Aneignungsmöglichkeiten im öffentlichen Raum zusammen.

© Drew Brown, unsplash

Ganz ähnliche Prozesse lassen sich auch für das Automobil beschreiben, das ebenfalls nicht nur als Transportmittel, sondern auch als Statussymbol fungiert, und bei dem die Abhängigkeit der Menschen ebenfalls durch die (Nicht-)Existenz öffentlicher Alternativangebote bedingt wird.

Verschiedene Zahlen machen diese Entwicklungen deutlich. So hat sich die Wohnfläche pro Person seit der Nachkriegszeit von 15 auf knapp 47 qm mehr als verdreifacht. Die historische Entwicklung in diesem Sektor ist beeindruckend: Die Fläche, auf der heute in Deutschland gelebt wird, würde für 200 Millionen Menschen ausreichen – würden diese sich mit einer Fläche zufriedengeben, die in den 1960er Jahren üblich war. So sind Ein- und Zweifamilienhäuser, die mit über 70 Prozent der Wohngebäude dominieren, auch ausschlaggebend für die Zunahme der durchschnittlichen Wohnfläche in Deutschland.

In demselben Zeitraum setzte eine Massenmotorisierung der Bevölkerung ein, die die Bedeutung öffentlicher Verkehrsmittel weit hinter das individuell genutzte Fahrzeug zurückfallen ließ. Obgleich die Bevölkerung in Deutschland seit 1950 nur um knapp 14 Mio. angestiegen ist, ist die Anzahl der Autos heute 23 Mal höher als 1950 und liegt derzeit bei ca. 57 Mio., wovon ca. 47 Mio. individuell genutzte PKW sind. Die automobile Gesellschaft hinterlässt zudem Spuren in der Flächenstatistik. Nach dem Wohnbereich treibt auch der Verkehrssektor den anhaltenden Flächenverbrauch.

Der eigene PKW gilt für viele Menschen als wesentliches Statussymbol. Im Jahr 2019 gab es 47 Millionen privat genutzte PKW auf Deutschlands Straßen und damit rund fünf Millionen mehr als noch zehn Jahre zuvor.

Die Wachstumsorientierung hat kulturelle Leitbilder hervorgebracht, die mit wachsenden und individualisierten Ansprüchen verknüpft sind. Das Eigenheim im Grünen und der eigene PKW sind hierfür signifikante Beispiele.

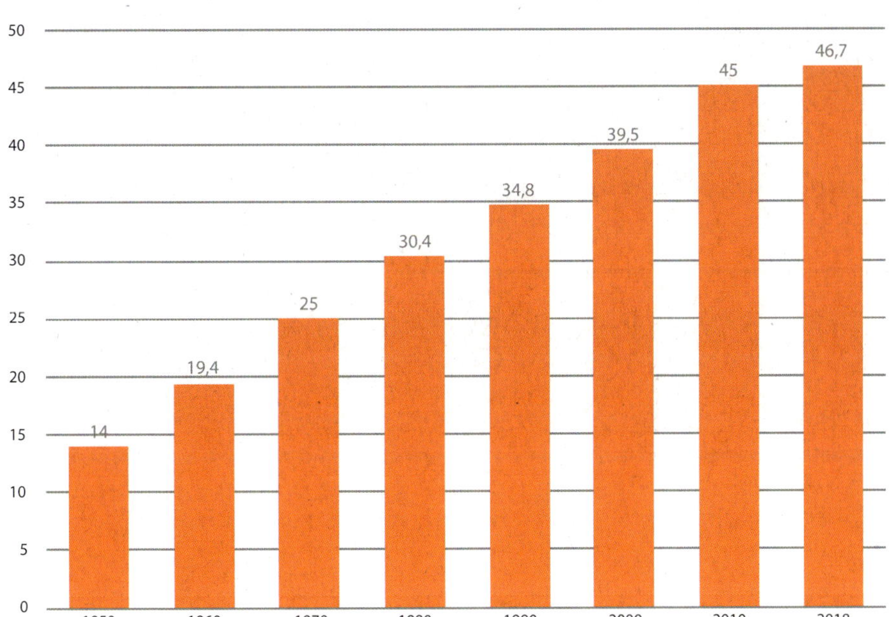

Entwicklung der Wohnfläche pro Kopf in m². In den letzten knapp 70 Jahren hat sich die Wohnfläche pro Person verdreifacht. (Eigene Darstellung 2020 nach Statistisches Bundesamt 2020)

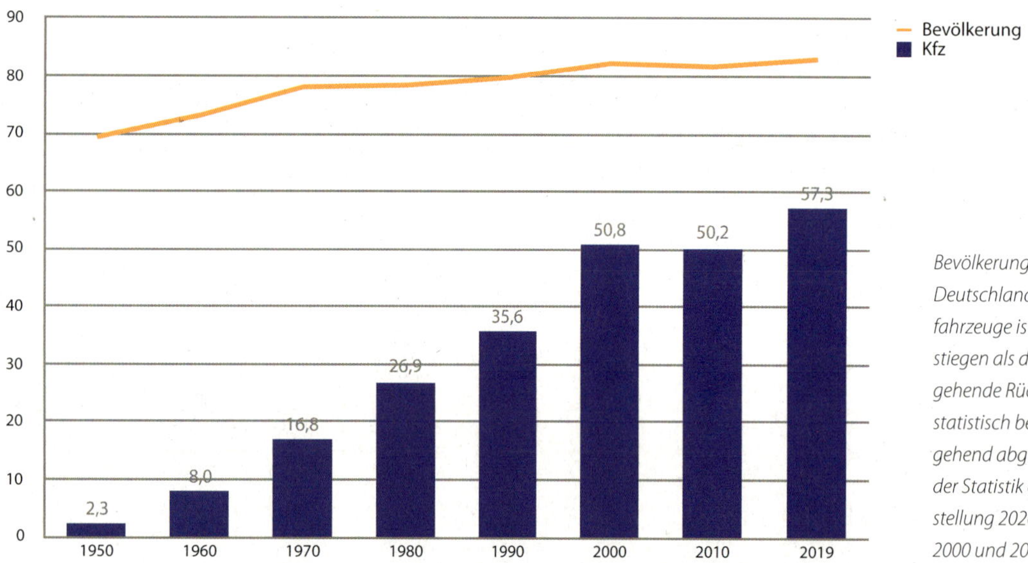

Bevölkerungs- und Kfz-Entwicklung in Deutschland in Mio. Die Anzahl der Kraftfahrzeuge ist seit 1950 deutlich stärker gestiegen als die Bevölkerung. Der vorübergehende Rückgang der Kfz-Zahlen 2010 ist statistisch bedingt, da ab 2008 vorübergehend abgemeldete Autos nicht mehr in der Statistik enthalten sind. (Eigene Darstellung 2020 nach BMVI, Verkehr in Zahlen 2000 und 2019/2020)

Politische und fiskalische Rahmenbedingungen: Förderung und Absicherung kultureller Leitbilder

Wirtschaftspolitische Entscheidungen und Rahmensetzungen begünstigen die hier skizzierte Entwicklung – wie sich insbesondere am Beispiel der Flächeninanspruchnahme zeigen lässt. Zentral sind hier Subventionen. So wird in zahlreichen Studien darauf hingewiesen, dass Subventionen wie die Eigenheimzulage oder das 2018 verabschiedete Baukindergeld insbesondere flächenintensive Wohnformen wie Ein- und Zweifamilienhäuser durch eine künstliche Vergünstigung der Bautätigkeit fördern.[5] Die Eigenheimzulage war bislang die größte einzelne staatliche Subventionsmaßnahme mit einem Gesamtvolumen von etwa 107 Milliarden Euro. Weitere Subventionen, die sich auf den Wohnbereich beziehen, bestehen im Bereich der Bausparförderung.[6]

Die Pendlerpauschale – etwa fünf Milliarden Euro jährlich – fördert mitunter zusätzlich flächenintensive Wohnformen in wenig verdichteten Siedlungsstrukturen und eine weitere Zunahme der Verkehrsflächen. Auch das Dienstwagenprivileg – etwa drei Milliarden Euro jährlich – trägt zu einer auf das Automobil fokussierten Mobilität bei. So waren 64 Prozent der 2016 zugelassenen Neuwagen Dienstwagen, die Mitarbeiter*innen auch für private Zwecke ohne Kraftstoffkosten nutzen können. Aber auch indirekte Subventionierungen, wie nur marginal ansteigende Parkgebühren im öffentlichen Raum gegenüber meist jährlich steigenden Preisen für den ÖPNV, fördern die Nutzung des PKW.[7] Zudem spielen die stark auf das Automobil fokussierte Planung und der Ausbau von Verkehrswegen durch Bund, Länder und Kommunen eine wichtige Rolle.

Auf Steuerseite hemmt die Grunderwerbssteuer einen Umzug, wenn etwa das Einfamilienhaus nach Auszug der Kinder zu groß geworden ist.[8] Würden der oder die Besitzer*innen dieses verkaufen wollen, so fiele beim Kauf einer neuen, kleineren Immobilie die Grunderwerbsteuer an, was die Verkaufs- und Kaufentscheidung hemmen kann. Weiterhin gibt die derzeitige Ausgestaltung der Grundsteuer keine Anreize zu flächensparenden Wohnformen.[9] Ganz im Gegenteil – durch die Ausgestaltung der Steuer werden flächenintensive Wohnformen, insbesondere Ein- und Zweifamilienhäuser, gegenüber dichter Bebauung bevorteilt.

Öffentlicher und politischer Druck auf Kommunen: Erfüllung der Leitbilder

Die hier skizzierten kulturellen Leitbilder und politischen Rahmenbedingungen prägen auch das Aufgabenverständnis der Kommunen. Die Versorgung der Bevölkerung mit Wohnraum gehört ebenso wie die gewerbliche Entwicklung der Gemeinde, die Ermöglichung von Mobilität und die Bereitstellung von Einrichtungen für Freizeit, Kultur und Bildung zu den zentralen Aufgaben im Rahmen der Daseinsvorsorge. Auch über die Befriedigung von Grundbedürfnissen hinaus ist die kommunale Politik

Adressatin wachsender und zunehmend individualisierter Ansprüche in diesen Bereichen. Einwohner*innen wollen ihre Wohn- und Freizeitvorstellungen verwirklichen, Wirtschaftsvertreter*innen setzten Kommunen in Bezug auf die gewerbliche Entwicklung unter Druck, Investor*innen wollen Bauvorhaben mit möglichst hoher Rendite verwirklichen. Kommunale Politik steht daher unter öffentlichem und politischem Druck, nicht nur ausreichend Wohnraum, Arbeitsplätze und begleitende Infrastrukturen vorzuhalten, sondern insoweit auch die vielfältigen Erwartungen zu erfüllen. Nicht zuletzt verleiht die Positionierung als attraktiver Standort für Wohnen, Gewerbe, Einzelhandel, Freizeit, Kultur und Bildung einer Gemeinde auch Prestige und ist ein erheblicher Faktor im Wettbewerb um Image und Darstellung nach außen.

© Szabo Viktor, unsplash

Kommunen stehen unter dem Druck, wachsende und immer stärker individualisierte Erwartungen von Einwohner*innen, Wirtschaftsvertreter*innen, Investor*innen und anderen Interessenvertreter*innen zu erfüllen.

Kommunen stehen unter dem politischen Druck, attraktive Wohn- und Gewerbegebiete auszuweisen.

In der Vergangenheit haben Kommunen auf diesen Druck immer wieder durch den Bau entsprechender Infrastrukturen oder die Bereitstellung von Fläche reagiert. Knappem Wohnraum, steigenden individuellen Wohnwünschen und Interessen von Investor*innen begegneten sie mit der Ausweisung von entsprechendem Bauland und der Schaffung von Baurecht, insbesondere auf der grünen Wiese. Dasselbe gilt für gewerbliche Ansiedlungs- und Erweiterungswünsche, für großflächigen Einzelhandel und für Shoppingcenter und andere Freizeiteinrichtungen. Auf wachsende Ansprüche an die individuelle Mobilität reagierten sie mit dem Ausbau oder Neubau von Verkehrswegen, der Bereitstellung von günstigem Parkraum und dem Nachweis von Stellplätzen. Die dadurch erfolgte Inanspruchnahme von Fläche und öffentlichem Raum wird mittlerweile als Selbstverständlichkeit betrachtet und ihre Beibehaltung erwartet. Handlungsspielräume für eine ressourcenschonende Politik werden vielfach nicht genutzt, weil sie mit einer Neuaufteilung der bereits vorhandenen Räume verbunden sind und entsprechenden Widerstand hervorrufen.

© Carlos Ibanez, unsplash

Diese Siedlungspolitik korrespondierte mit dem Leitbild der funktionalen und autogerechten Stadt, das 1933 in der Charta von Athen festgeschrieben wurde und lange Zeit für Kommunen maßgeblich war. Basierend auf den negativen Erfahrungen mit ungesunden Lebensverhältnissen in den verdichteten Städten Anfang des 20. Jahrhunderts sollten Wohnen, Arbeit und Erholung künftig unterschiedlichen Stadträumen zugeordnet und durch leistungsfähige Verkehrsachsen verknüpft werden. Inzwischen hat sich aber ein Wandel in der Stadtentwicklungspolitik vollzogen, der 2007 in der Leipzig-Charta zur nachhaltigen europäischen Stadt niedergelegt wurde. Nicht mehr die funktionsentmischte Stadt, sondern die integrierte Stadt steht hier im Mittelpunkt. Dies bedeutet eine Abkehr von großflächigen monofunktionalen Wohn- und Gewerbegebieten am Stadtrand zugunsten funktionsfähiger und gestalterisch anspruchsvoller innerstädtischer Räume.

Das Leitbild der funktionalen und autogerechten Stadt begünstigte die Zersiedelung der Peripherie und den Anstieg der individuellen Mobilität mit dem PKW.

Bei der Planung der meisten Städten lag die Priorität – im Sinne einer autogerechten Stadt - auf der Durchlässigkeit des Autoverkehrs. Breite Straßen und Parkplätze bestimmen vielerorts das Stadtbild und durchkreuzen Stadtviertel.

Fiskalischer Druck auf Kommunen: Konkurrenz um Einwohner*innen und Gewerbe

Die Positionierung einer Kommune als attraktiver Standort hat nicht nur einen politischen Aspekt, sondern auch eine fiskalische Seite. Sie ist ein erheblicher Faktor im Wettbewerb der Kommunen um Einnahmen, die dringend benötigt werden. Der wachsende Umfang und die steigende Vielfalt ihrer Aufgaben lassen ihren Finanzbedarf weiter ansteigen, und damit steigt ihre Abhängigkeit von Einwohner*innen und Gewerbe. Nur über steigende Einwohner*innenzahlen und eine gute gewerbliche Entwicklung kann die Einnahmeentwicklung den Ausgabensteigerungen folgen.

Kontinuierliches Wachstum der kommunalen Ausgaben und Einnahmen

Insbesondere die Ausgaben der Kommunen sind in der Vergangenheit stark angestiegen. Dies betraf vor allem den Bereich der sozialen Leistungen, den laufenden Sachaufwand für bestehende Infrastrukturen und – damit korrespondierend – die Ausgaben für Personalkosten. Auch die Einnahmen sind vor allem in den letzten Jahren auf Grund der guten konjunkturellen Entwicklung gestiegen. Dies betraf Steuereinnahmen und Zuweisungen der Länder, beispielsweise aus dem kommunalen Finanzausgleich, gleichermaßen.

In der Vergangenheit überstiegen die Ausgaben in der Regel die Einnahmen, die Differenz wurde mit Krediten ausgeglichen. Dabei wuchsen vor allem die Kassenkredite zur Überbrückung von fehlender Liquidität. Seit 2012 stabilisiert sich die Situation aufgrund der verbesserten Einnahmesituation. Ob diese Entwicklung als dauerhaft betrachtet werden kann, ist jedoch ungewiss. Verschlechtert sich die Konjunktur wieder, wie sich dies ab 2020 wegen der Corona-Krise abzeichnet, sind aufgrund des hohen Ausgabenniveaus und des weiterhin bestehenden Investitionsstaus erneut negative Salden zu erwarten.

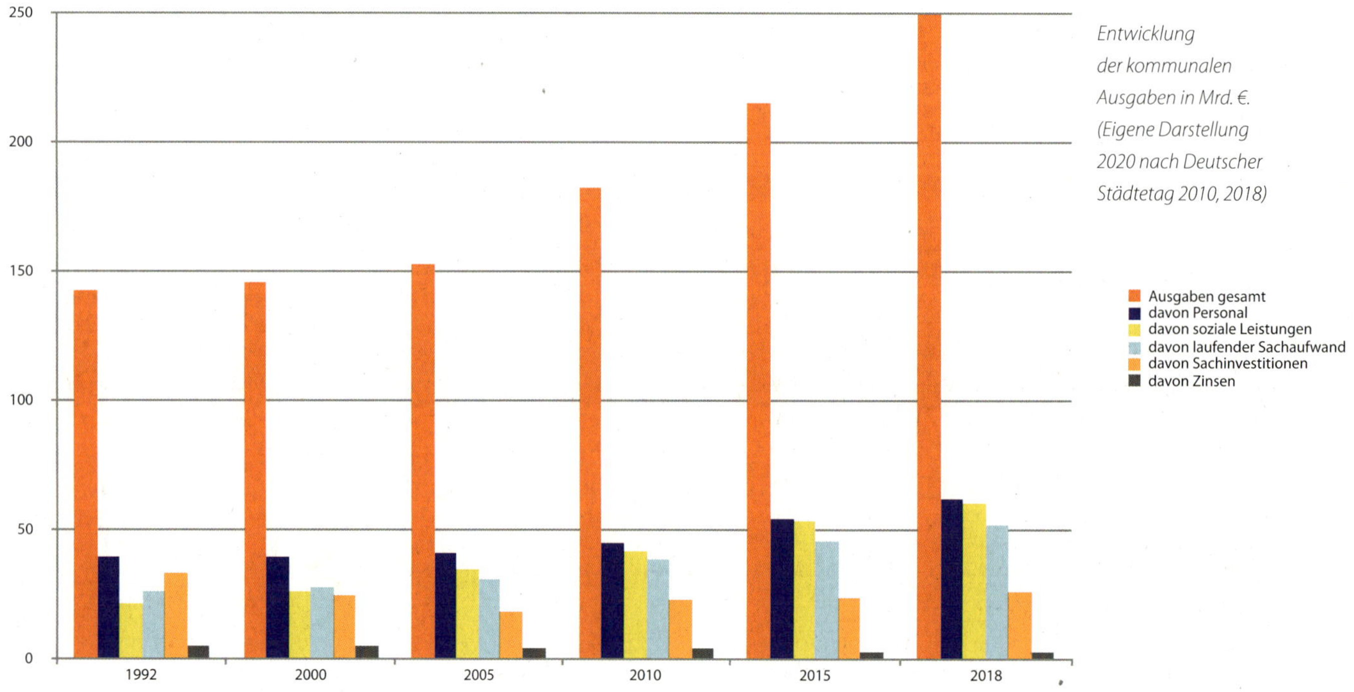

Entwicklung der kommunalen Ausgaben in Mrd. €. (Eigene Darstellung 2020 nach Deutscher Städtetag 2010, 2018)

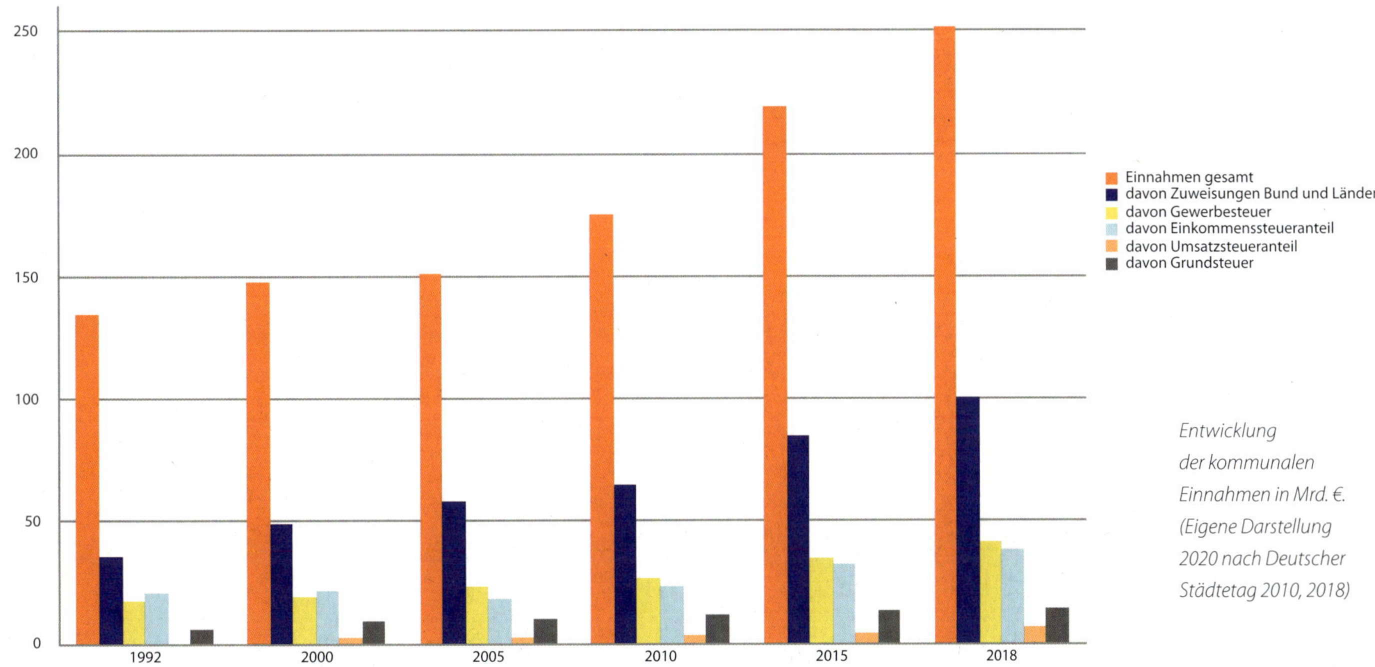

Entwicklung der kommunalen Einnahmen in Mrd. €. (Eigene Darstellung 2020 nach Deutscher Städtetag 2010, 2018)

Expansion als Mittel zur Stabilisierung der Finanzierungssalden

Um die Finanzierungssalden der Kommunen auch bei abflauender Konjunktur dauerhaft stabil zu halten, müssen Kommunen bestrebt sein, den Anstieg des Ausgabeniveaus angemessen zu begrenzen und das Einnahmeniveau zu steigern. Dies gelingt, wenn sie zum einen attraktive Rahmenbedingungen für eine positive gewerbliche Entwicklung schaffen. Auf diese Weise entstehen Arbeitsplätze, die Kosten für soziale Leistungen werden gedämpft (Beschäftigungseffekt) und die Einnahmen im Bereich der Steuern, insbesondere der Gewerbesteuer, stabilisieren sich (fiskalischer Effekt). Zum anderen benötigen Kommunen auch attraktive Rahmenbedingungen für Einwohner*innen. Dabei geht es um ihre Einnahmen aus dem kommunalen Finanzausgleich und der Einkommens- und Umsatzsteuer (fiskalischer Effekt), deren Höhe im Wesentlichen von den Einwohner*innenzahlen abhängt, insbesondere solchen mit festen und höheren Einkommen. Auf diese Weise treiben die Mechanismen der kommunalen Einnahmen die Kommunen in einen Wettbewerb um Einwohner*innen und Gewerbebetriebe, der wiederum eine wesentliche Ursache für die Inanspruchnahme von Flächen auf der grünen Wiese ist, weil er mit den Mitteln der Baulandausweisung geführt wird. Wenn der kommunale Finanzausgleich, wie in der geplanten Neuregelung in Schleswig-Holstein, dann auch noch eine Begünstigung nach Länge der Straßenkilometer enthält, entsteht ein zusätzlicher Anreiz für eine Expansion auf der grünen Wiese, weil Verkehrswege, die sonst nicht förderfähig wären, wie zum Beispiel bei der Ausweisung von Wohngebieten, auf diese Weise subventioniert werden.

Auch die Grundsteuer als weitere wesentliche Einnahme der Kommunen, trägt zum Flächenverbrauch bei. Sie begünstigt die kommerzielle Vermarktung und bauliche Nutzung von unbebauten Grundstücken. Befinden sich diese im Eigentum der Kommunen, können zusätzlich Einnahmen aus Verkäufen erzielt werden. Die Bewahrung von Freiflächen zahlt sich dagegen finanziell bei keiner der wesentlichen Einnahmearten für die Kommunen aus.

Entwicklung der kommunalen Finanzierungssalden in Mrd. €. (Eigene Darstellung 2020 nach Deutscher Städtetag 2010, 2018)

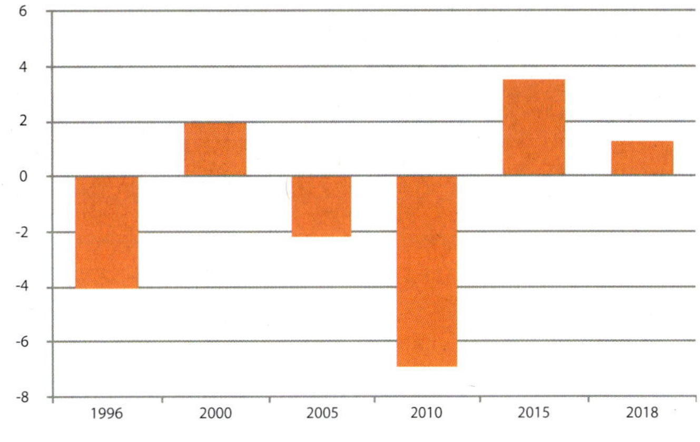

*Der Wettbewerb um Einwohner*innen und Gewerbe*

Im Zentrum des Wettbewerbs der Kommunen um Einwohner*innen und Gewerbebetriebe stehen neben guten Angeboten für Versorgung, Einkaufen, Freizeit, Bildung und Kultur vor allem attraktive Wohnbauflächen und Gewerbegrundstücke sowie eine gut ausgebaute Verkehrsinfrastruktur. Ein gutes Wohnraumangebot, das den kulturellen Leitbildern der Menschen entspricht (etwa Einfamilienhäuser im Grünen), verbunden mit einer guten verkehrlichen Anbindung, ermöglichen Wachstum von Einwohner*innen und bedienen insbesondere die Wohnansprüche von Menschen mit festen und höheren Einkommen. Auch bei der Gewerbeansiedlung ist die Attraktivität der Gewerbeflächen und die Verkehrsinfrastruktur ein wesentlicher Faktor, hinzu kommt das Angebot an Wohnbauland und an Infrastrukturen für Arbeitnehmer*innen.

Die Mechanismen der Gemeindefinanzierung belohnen Wachstum von Einwohner*innen und Gewerbe, zum Teil auch von Verkehrswegen sowie die kommerzielle Vermarktung von unbebauten Grundstücken. Dahingegen zahlt sich die Bewahrung von Freiflächen finanziell nicht aus.

Dabei wird Bauland nicht nur in wachsenden Kommunen ausgewiesen, sondern auch in stagnierenden oder sogar schrumpfenden Regionen, und zwar als Angebotsplanungen auf die Erwartung hin, dass dadurch eine weitere Abwanderung verhindert oder neue Einwohner*innen und Gewerbebetriebe angeworben werden können. Die Bauland-Ausweisungs-Strategie hängt daher im Wesentlichen nicht von dem tatsächlichen Bedarf ab, sondern von der Verfügbarkeit von Freiflächen. Dies ist vor allem an den Rändern von Städten und im ländlichen Bereich der Fall. Da der Ansiedlungserfolg einer Kommune in der Regel zu Lasten anderer Kommunen geht, entsteht ein Nullsummenspiel, das nicht nur einen zusätzlichen Flächenverbrauch, steigende Bautätigkeit und steigende Verkehre zur Folge hat, sondern auch Leerstand, Verfall bestehender Strukturen und nicht ausgelastete Infrastrukturen in schrumpfenden Kommunen.

Bei diesen Verteilungskämpfen mit ihrer Entkoppelung von Flächeninanspruchnahme und tatsächlichen Bedarfen hat die grüne Wiese erhebliche Vorteile gegenüber Flächenreserven im Innenbereich. Neben dem Leitbild vom Wohnen im Grünen bietet sie auch günstigere Rahmenbedingungen wie leichte Flächenverfügbarkeit, niedrige Grundstückspreise, großzügige Flächenzuschnitte und verkehrsgünstige Anbindungen. Auch die einfache Bebaubarkeit, bei der keine Rücksicht auf eine bereits vorhandene Nachbarbebauung, das Stadtbild und ggf. den Denkmalschutz genommen werden muss und keine Altbebauung oder Altlasten zu beseitigen sind, spielt eine wesentliche Rolle. Die Vorzüge der grünen Wiese gegenüber dem Innenbereich sind auch in wachsenden Kommunen und ihrem Umland relevant, in

© Stadt Flensburg

© Sam Larussa, unsplash

denen ein tatsächlicher Bedarf für Wohnraum und Gewerbeflächen besteht. Auch hier ist es wesentlich einfacher, die Bedarfe auf bisher unbebauten Freiflächen an der Peripherie zu erfüllen, als Innenbereichspotentiale nutzbar zu machen.

Der Wettbewerb der Kommunen um Einwohner*innen und Gewerbebetriebe wird im Wesentlichen mit den Mitteln der Baulandausweisung auf der grünen Wiese geführt.

Knappe Finanzen: Nicht nur Wachstumstreiber, auch Hürde für Suffizienzpolitik

Knappe Finanzen der Kommunen sind nicht nur Wachstumstreiber für Flächenverbrauch und Verkehr, sondern auch eine erhebliche Hürde für eine aktive Suffizienzpolitik der Kommunen. Gerade Maßnahmen wie die Schaffung und Unterhaltung attraktiver öffentlicher Räume, der Umbau von Straßen zu Aufenthaltsbereichen, Fuß- und Fahrradwegen oder der Ausbau des ÖPNV entfallen oftmals, wenn die finanziellen Mittel nicht für alle geplanten Investitionen ausreichen. Vergleichbares gilt für eine strategische Bodenpolitik. Für den Aufbau eines Bodenfonds zum strategischen Ankauf und die Baureifmachung von Grundstücken im Innenbereich fehlen oft die zunächst erforderlichen finanziellen Mittel. Auch die Vergabe von Erbbaurechten statt eines Verkaufs von Grundstücken erbringt keinen schnellen Ertrag, der für einen ausgeglichenen Haushalt jedoch oft erforderlich ist.

Dass solche Maßnahmen auf lange Sicht finanziell auch vorteilhaft sein können, wird dabei nicht ausreichend beachtet. So müssen bei einem Verzicht auf eine Außenbereichsentwicklung keine zusätzlichen Infrastrukturen hergestellt und unterhalten werden. Ein Bodenfonds kann mit den Erträgen aus der Vermarktung der Grundstücke später kostenneutral betrieben werden, und Erbbaurechte bringen langfristige Einnahmen aus Grund und Boden.

Abb. links: Wohngebiete im Grünen, wie hier das Einfamilienhausgebiet Sünderup in Flensburg, und attraktive Gewerbeflächen in verkehrsgünstigen Lagen an der Peripherie sind ein wesentlicher Faktor im Wettbewerb der Kommunen um Einnahmen.

Baurecht und Verkehrsrecht: Hürden für eine kompakte und verkehrsarme Innenentwicklung

Entscheidet sich eine Kommune, auf eine weitere Expansion in den Außenbereich zu verzichten, machen ihr rechtliche Vorgaben eine alternative Politik, das heißt, eine kompakte und verkehrsarme Innenentwicklung, in vielfacher Hinsicht schwer. Das Raumordnungs- und Bauplanungsrecht hat sich zwar in seiner grundlegenden Ausrichtung zugunsten einer nachhaltigen Entwicklung gewandelt, es orientiert sich aber weiterhin auch an Prinzipien, die in dem Leitbild der funktionsentmischten Stadt verwurzelt sind. Das Verkehrsrecht enthält nicht einmal ein Bekenntnis zu Nachhaltigkeit. Es dient nach wie vor nur dem Zweck, tatsächlich bestehende Verkehrsbedarfe für alle Mobilitätsarten gleichermaßen zu befriedigen. Die gleiche Gewichtung aller Bedarfe bedeutet faktisch eine Bevorzugung des motorisierten Individualverkehrs, weil dieser auf Grund seiner Menge und seines hohen Raumbedarfs deutlich mehr Fläche benötigt als Fußgänger*innen und Radfahrer*innen.

Das Bekenntnis des Planungsrechts zum Bodenschutz erschwert die Möglichkeiten einer Außenentwicklung. Letztlich bleibt dies aber eine politische Entscheidung der Gemeinde.

Die Grenzen des Planungsrechts: Die Planungshoheit der Gemeinden

In den Planungsgrundsätzen bekennen sich sowohl das Raumordnungsrecht als auch das Bauplanungsrechts zu Bodenschutz, einer vorrangigen Innenentwicklung und einer Verringerung der motorisierten Verkehre und beschrän-

© Stadt Flensburg

*Autos beanspruchen im öffentlichen Raum am meisten Platz. Für Fußgänger*innen und Radfahrer*innen bleibt nur wenig Raum. Straßenszene in Flensburg.*

ken damit die Möglichkeiten der Gemeinden, in den Außenbereich zu expandieren. Dies findet jedoch eine verfassungsrechtliche Grenze in der Planungshoheit der Gemeinden, das heißt in ihrem Recht, für das eigene Gebiet die Grundlagen der Bodennutzung selbst gestalten zu dürfen. Daher handelt es sich bei den Planungsgrundsätzen in der Regel nicht um verbindliche Vorgaben, sondern um Belange, die von den Gemeinden bei der Bauleitplanung lediglich gegen andere Belange abzuwägen sind. Bodenschutz, Vorrang der Innenentwicklung und Verringerung von Verkehren konkurrieren dann mit Interessen wie einer wettbewerbsfähigen Wirtschaftsstruktur, gesunden Wohn- und Arbeitsverhältnissen, den Wohnbedürfnissen der Bevölkerung einschließlich der Eigentumsbildung weiter Kreise und einem schnellen und reibungslosen Personen- und Güterverkehr. Welchen Belangen die Gemeinde dabei Vorrang einräumt, ist letztlich eine politische Entscheidung, die, wie gesehen, jedoch stark von wachstumsorientierten und fiskalischen Interessen bestimmt wird. Dennoch erschwert das erhebliche Gewicht, das dem Bodenschutz, der vorrangigen Innenentwicklung und der Reduzierung motorisierter Verkehre in der Abwägung zukommt, eine Außenbereichsentwicklung, für die gar kein Bedarf besteht (reine Angebotsplanung) oder angemessene Alternativen innerhalb des Siedlungsgebiets zur Verfügung stehen.

Erschwerte Innenentwicklung: Die Trennung städtebaulicher Funktionen im Bauplanungsrecht

Eine kompakte Innenentwicklung wird vor allem durch die Baugebietstypisierung und den Grundsatz der Trennung städtebaulicher Funktionen im Bauplanungsrecht erschwert. Die Baugebietstypisierung verpflichtet die Gemeinden zu einer Ausweisung von abschließend vorgegebenen Baugebieten (z.B. reines oder allgemeines Wohngebiet, Gewerbegebiet), für die die zulässigen Nutzungen im Einzelnen festgelegt sind, und zwar nach Verträglichkeit, das heißt nach ihrem Immissionsverhalten. Damit schränkt die Typisierung die planerischen Möglichkeiten ein, bauliche Nutzungen innerhalb eines Gebiets funktional zu mischen und so lebendige Quartiere mit kurzen Wegen zu planen. Mit dem neu geschaffenen Typus „Urbane Gebiete" wird diese Hürde abgebaut und die Innenentwicklung erleichtert.

In dieselbe Richtung weist der Grundsatz der Trennung städtebaulicher Funktionen, der für die Planung des Nebeneinanders von Baugebieten zu beachten ist. Danach sollen Baugebiete mit überwiegend schutzbedürftigen Nutzungen (z.B. Wohngebiete) und solche mit überwiegend störenden Nutzungen (z.B. Ge-

RAUMORDNUNGS- UND BAUPLANUNGSRECHT BEKENNEN SICH AUSDRÜCKLICH ZUM SCHUTZ DES BODENS

Das öffentliche Baurecht hat sich seit den 1990er Jahren in Bezug auf sein Leitbild grundsätzlich gewandelt. Auf der Grundlage der Leipzig-Charta zur nachhaltigen europäischen Stadt enthalten Raumordnungs- und Bauplanungsrecht ein ausdrückliches Bekenntnis zu einem nachhaltigen Umgang mit dem Boden und einer vorrangigen Innenentwicklung. Die beiden folgenden Beispiele aus dem Baugesetzbuch und dem künftigen Landesentwicklungsplan für Schleswig-Holstein verdeutlichen dies.

§ 1 Abs. 5 Baugesetzbuch (Grundsätze der Bauleitplanung): Die Bauleitpläne sollen eine nachhaltige städtebaulichen Entwicklung, die die sozialen, wirtschaftlichen und umweltschützenden Anforderungen auch in Verantwortung gegenüber künftigen Generationen miteinander in Einklang bringt und eine dem Wohl der Allgemeinheit dienende sozialgerechte Bodennutzung unter Berücksichtigung der Wohnbedürfnisse der Bevölkerung gewährleisten. Sie sollen dazu beitragen, eine menschenwürdige Umwelt zu sichern, die natürlichen Lebensgrundlagen zu schützen und zu entwickeln sowie den Klimaschutz und die Klimaanpassung, insbesondere auch in der Stadtentwicklung, zu fördern [...] Hierzu soll die städtebauliche Entwicklung vorrangig durch Maßnahmen der Innenentwicklung erfolgen.

Grundsatz in der Fortschreibung des Landesentwicklungsplans Schleswig-Holstein 2018: Die Inanspruchnahme neuer Flächen soll landesweit reduziert werden. Bis 2030 soll die tägliche Flächenneuinanspruchnahme in Schleswig-Holstein durch Siedlungs- und Verkehrsflächen auf unter 1,3 Hektar pro Tag abgesenkt werden. Langfristig soll eine Flächenkreislaufwirtschaft dazu führen, dass das Verhältnis von Siedlungs- und Verkehrsflächen im Bezug zu Freiflächen sowie land- und forstwirtschaftlich genutzten Flächen gleich bleibt. Versiegelte Flächen, die nicht mehr genutzt werden, sollten möglichst entsiegelt und in den Flächenkreislauf zurückgeführt werden.

werbegebiete) nicht in räumlicher Nachbarschaft voneinander geplant werden. Dieser ebenfalls am Immissionsverhalten orientierte Grundsatz erschwert die effektive Nutzung von Nachverdichtungspotentialen im Innenbereich. Da es sich um einen Grundsatz handelt, der in der planerischen Abwägung zu beachten ist, kann er jedoch in gewissen Grenzen durch andere Belange wie den Bodenschutz, die Schaffung von Wohnraum oder Arbeitsplätzen oder die bessere Nutzung bereits vorhandener Infrastrukturen überwunden werden und bietet daher ebenfalls Spielräume.

Die Baugebietstypisierung, der Grundsatz der Trennung städtebaulicher Funktionen und die Stellplatznachweispflicht erschweren eine kompakte und verkehrsarme Innenentwicklung.

Eine weitere Hürde für die Innenentwicklung enthält das Bauordnungsrecht der Länder mit seinen Stellplatznachweispflichten, die eine verkehrsarme Planung erschweren. Während das Bauplanungsrecht grundsätzlich ermöglicht, Stellplätze in Baugebieten auszuschließen, zu reduzieren oder an zentralen Orten zusammenzufassen, verlangen die Landesbauordnungen der Länder bei der Baugenehmigung fast ausnahmslos (außer in Berlin insgesamt und in Hamburg für Wohngebäude) den Nachweis von Stellplätzen für Kraftfahrzeuge in angemessener Entfernung der baulichen Vorhaben. Örtliche Satzungen können diese Verpflichtung in der Regel jedoch wieder abmildern, wenn alternative Mobilitätskonzepte existieren.

Erschwerte Neuaufteilung des Straßenraums: Die Begünstigung von Kfz-Verkehren im Straßen- und Wegerecht

Nach den Straßen- und Wegegesetzen der Länder besteht eine Verpflichtung, die Straßen in einem dem Verkehrsbedürfnis genügenden Zustand anzulegen, zu unterhalten, zu erweitern oder sonst zu verbessern (Straßenbaulast). Diese Pflicht wird lediglich durch die finanzielle Leistungsfähigkeit der Straßenbaulastträger*innen eingeschränkt. Belange wie der Natur- und Klimaschutz, die besonderen Bedürfnisse der nicht motorisierten Bevölkerung, die Funktion der Straße als Aufenthaltsort oder das Ortsbild spielen dagegen keine oder nur eine untergeordnete Rolle. Durch die vorrangige Orientierung an den tatsächlich bestehenden Verkehrsbedarfen entsteht bei den Kommunen Handlungsdruck, dem motorisierten Individualverkehr immer mehr Raum zur Verfügung zu stellen, weil diese Verkehrsart weiter wächst und einen erheblichen Raumbedarf hat.

In eine ähnliche Richtung gehen die Regelungen über die Widmung der Straßen. Die Widmung verleiht das Recht, eine Straße in dem durch sie festgelegten Rahmen zu nutzen (Gemeingebrauch), teilt also den Straßenraum den verschiedenen Nutzungsansprüchen zu. Zulässig ist die Nutzung einer Straße dabei grundsätzlich nur für verkehrliche Zwecke, also Verhaltensweisen, die mit Fortbewegung im Zusammenhang stehen. Dazu gehört auch das Parken von Autos, während Aufenthalt nicht als Fortbewegung zählt und nur dann Gemeingebrauch ist, wenn er mit dem Fußwegeverkehr in Zusammenhang steht (also Stehenbleiben und Kommunizieren, nicht aber zum Beispiel Sitzen, Spielen, Essen, künstlerische Darbietungen usw.). Aufenthalt bedarf daher einer ausdrücklichen, gebührenpflichtigen Erlaubnis (Sondernutzung), während das Parken von Kraftfahrzeugen erlaubnis- und gebührenfrei möglich ist. Dasselbe gilt für die Reservierung von Flächen für Sharing-Angebote (Carsharing, Bikesharing usw.). Anders als das normale Parken ist das Abstellen von Autos zu diesem gewerblichen Zweck gebührenpflichtige Sondernutzung.

Während die Nutzung der öffentlichen Straße für das Abstellen von privaten Autos zum Gemeingebrauch gehört und jederzeit erlaubnisfrei möglich ist, bedürfen Sitzen, Spielen, Essen oder Feiern sowie Car- oder Bike-Sharing-Angebote einer gesonderten gebührenpflichtigen Erlaubnis.

Allerdings können die Straßenbaulastträger*innen die Widmung einer Straße differenzieren: Sie können sie dem Kfz-Verkehr oder dem Parken von Autos vorbehalten, aber auch dem Radverkehr (Radstraßen oder Radspuren), dem Fußgängerverkehr (Gehwege oder Fußgänger*innenbereiche) oder dem ÖPNV (Busstraßen oder Busspuren). Dadurch kann knapper Straßenraum zu Gunsten des Umweltverbundes aufgeteilt werden. Durch eine großzügige Sondernutzungs-Praxis kann er zudem auch für Aufenthaltszwecke oder Sharing-Angebote nutzbar gemacht werden. Diese Möglichkeiten haben allerdings Grenzen. Einschränkungen des Gemeingebrauchs sind Ermessensentscheidungen und bedürfen einer angemessenen Berücksichtigung der Bedarfe des motorisierten Verkehrs, da das Verkehrsrecht die Befriedigung aller Verkehrsbedürfnisse gleichermaßen anstrebt. So bleibt es aufgrund seiner tatsächlichen Menge und seines Raumbedarfes doch oft bei einem faktischen Übergewicht des Kfz-Verkehrs.

Die Straßenverkehrsordnung: (K)ein Instrument zur Neuaufteilung des Straßenraums

Das Straßenverkehrsrecht des Bundes dient mit seinem wesentlichen Regelwerk, der Straßenverkehrsordnung (StVO), grundsätzlich nur der Sicherheit und Leichtigkeit des Verkehrs, d.h. der Gefahrenabwehr. Einschränkende Anordnungen bedürfen daher verkehrlicher Gründe und dienen grundsätzlich nicht dem Zweck, Straßenraum neu zu verteilen. Allerdings hat die zentrale Regelung des Paragraph 45 StVO in der Vergangenheit in vielfacher Hinsicht Erweiterungen erfahren. So können bestimmte straßenverkehrsrechtliche Anordnungen auch aus Gründen, die dem Umweltschutz dienen, oder im Zusammenhang mit Bewohner*innenparken, Fußgänger*innen- und verkehrsberuhigten Bereichen, zum Schutz der Bevölkerung vor Lärm und Abgasen oder zur Unterstützung einer geordneten städtebaulichen Entwicklung erfolgen.

Auf Grundlage dieser Regelung können daher insbesondere die Regelungen zum Parken als Instrumente nutzbar gemacht werden, um die Inanspruchnahme des knappen Straßenraums zum Abstellen von Autos durch Parkverbote oder Parkraumbewirtschaftungszonen, in denen das Parken zeitlich beschränkt und einer Gebührenpflicht unterworfen wird, zu erschweren. Dabei hat die Gemeinde insbesondere mit der Parkgebühr ein effektives Instrument in der Hand, weil die Höhe der Gebühr vollständig in ihrer Entscheidung liegt und sie mit der Gebühr auch verkehrslenkende Ziele verfolgen und den wirtschaftlichen Vorteil für die Nutzer*innen abschöpfen darf. Vergleichbares gilt für Radfahrstreifen oder Schutzstreifen für Fahrräder sowie Busspuren, die zu Lasten von Fahr- und Parkspuren für Kraftfahrzeuge eingerichtet werden können. Auf diese Weise kann Einfluss auf die Verteilung des öffentlichen Straßenraums genommen werden.

Auch diese Möglichkeiten haben allerdings Grenzen. Erforderlich ist in allen Fällen, dass auch verkehrliche Gründe vorliegen, die die Anordnung rechtfertigen. Es muss ein erheblicher Verkehrs- beziehungsweise Parkdruck bestehen, der eine Entflechtung der unterschiedlichen Verkehrsarten aus Sicherheitsgründen erfordert. Zudem sind auch Anordnungen nach der Straßenverkehrsordnung Ermessensentscheidungen, sogar mit verschärften Anforderungen. Einschränkende Anordnungen bedürfen daher erneut einer angemessenen Berücksichtigung der Bedarfe des motorisierten Verkehrs und müssen zudem zwingend erforderlich sein.

Anordnungen nach der Straßenverkehrsordnung dienen grundsätzlich nur der Abwehr von Gefahren im Straßenverkehr, können aber auch zugunsten des Fußwege-, Fahrrad- und ÖPNV-Verkehrs nutzbar gemacht werden.

© Benedikt Glitz, QIMBY

IV. Weniger ist schwer, aber möglich. Beispiele aus der Praxis

Vieles steht konsequenter Suffizienzpolitik entgegen. Als kommunale Nachhaltigkeitsstrategie ist die Suffizienz nahezu unbekannt. Dennoch gibt es einige Kommunen, die Suffizienzmaßnahmen umsetzen. Mit welcher Idee werden diese Maßnahmen umgesetzt und wie überwinden die Verantwortlichen die Hemmnisse?

Unsere vergleichende Untersuchung suffizienzorientierter Stadtentwicklungsprojekte stellt die Kommune als Akteurin in den Mittelpunkt. Bis auf die Stadt Zürich bezeichnet keine der untersuchten Kommunen ihr Handeln als Suffizienzpolitik. Dessen ungeachtet konnten wir diverse Projekte identifizieren, die darauf abzielen, Menschen durch Infrastrukturveränderungen und Veränderungen im kommunalen Handeln zu ermöglichen, ihr alltägliches Leben ressourcenschonender als bisher zu gestalten. Im Bereich Mobilität gibt es etwa vielerorts Anstrengungen, den motorisierten Individualverkehr einzuschränken zugunsten anderer, nachhaltiger Verkehre. Beim Wohnen geben manche Kommunen gemeinschaftlichen und flächensparenden Projekten Vorrang vor der Ausweisung von flächenintensiven Neubaugebieten. Mancherorts wird die grüne Wiese zur Tabuzone erklärt und mit kreativen Konzepten zur Innenentwicklung daran gearbeitet, Gewerbetreibenden Alternativen aufzuzeigen. Diese und weitere Maßnahmen finden sich detailliert beschrieben in diesem Kapitel. Die Darstellungen sind sowohl Ergebnis unserer Auswertung qualitativer Interviews mit Vertreter*innen aus Kommunen als auch ergänzender Literaturrecherchen zu bereits erforschten Stadtentwicklungprojekten.

Flächen werden zu Lasten flächenintensiver individueller Nutzungen und zu Gunsten öffentlicher und gemeinschaftlich genutzter Flächen umverteilt.

Kaum eine der dargestellten Suffizienzpraktiken stellt aus sich heraus etwas grundlegend Neues im Sinne von noch nie Gedachtem oder Praktiziertem dar. Gemeinsam ist den Projekten allerdings, dass sie Möglichkeiten aufzeigen, den jeweiligen Sektor zu optimieren, ohne neue Ressourcen in Anspruch zu nehmen. Sie fördern zudem eine Veränderung von Alltagspraktiken und Lebensstilen in Richtung Nachhaltigkeit. Flächen werden zu Lasten flächenintensiver individueller Nutzungen und zu Gunsten öffentlicher und gemeinschaftlich genutzter Flächen umverteilt. Um dies zu erreichen, fördern Kommunen nachhaltige Praktiken, indem sie Infrastrukturen umbauen (etwa Fuß- und Fahrradwege), Vergünstigungen einführen (zum Beispiel geringere Quadratmeterpreise für gemeinschaftliches oder genossenschaftliches Wohnen) oder neue Auswahlkriterien für die Vergabe von Flächen oder Immobilien anlegen (Konzeptvergabe statt Höchstpreisverfahren). Zusätzlich deprivilegieren sie nicht-nachhaltige Praktiken, indem sie sie unattraktiver machen und einschränken. Dies ist es, was die Projekte als einzelne und in der Summe beachtenswert macht.

Zweifellos existieren viele einzelne, zum Teil sehr ambitionierte Projekte im Bereich flächenschonender Stadtentwicklung. Die Frage danach jedoch, wie viel genug ist für ein gelingendes Leben in der Stadt und wie, daraus abgeleitet, das Vorhandene gerecht verteilt werden kann, ist bislang kaum als Leitmotiv urbaner Entwicklung zu erkennen. Suffizienz als regelrechte Nachhaltigkeits*strategie*, als umfassendes, beabsichtigtes und geplantes Vorgehen zur Einsparung und zur Deckelung des Ressourcenverbrauchs einerseits und zur gleichberechtigteren Verteilung des Zugangs zum städtischen Raum andererseits, findet sich in der Praxis nur sehr selten.

Das liegt vermutlich auch am nicht unbeträchtlichen Konfliktpotential, das kommunale, flächenbezogene Suffizienzpolitik birgt. Denn, wie Uta von Winterfeld vom Wuppertal Institut (WI) schreibt, bedeutet Suffizienz, nicht

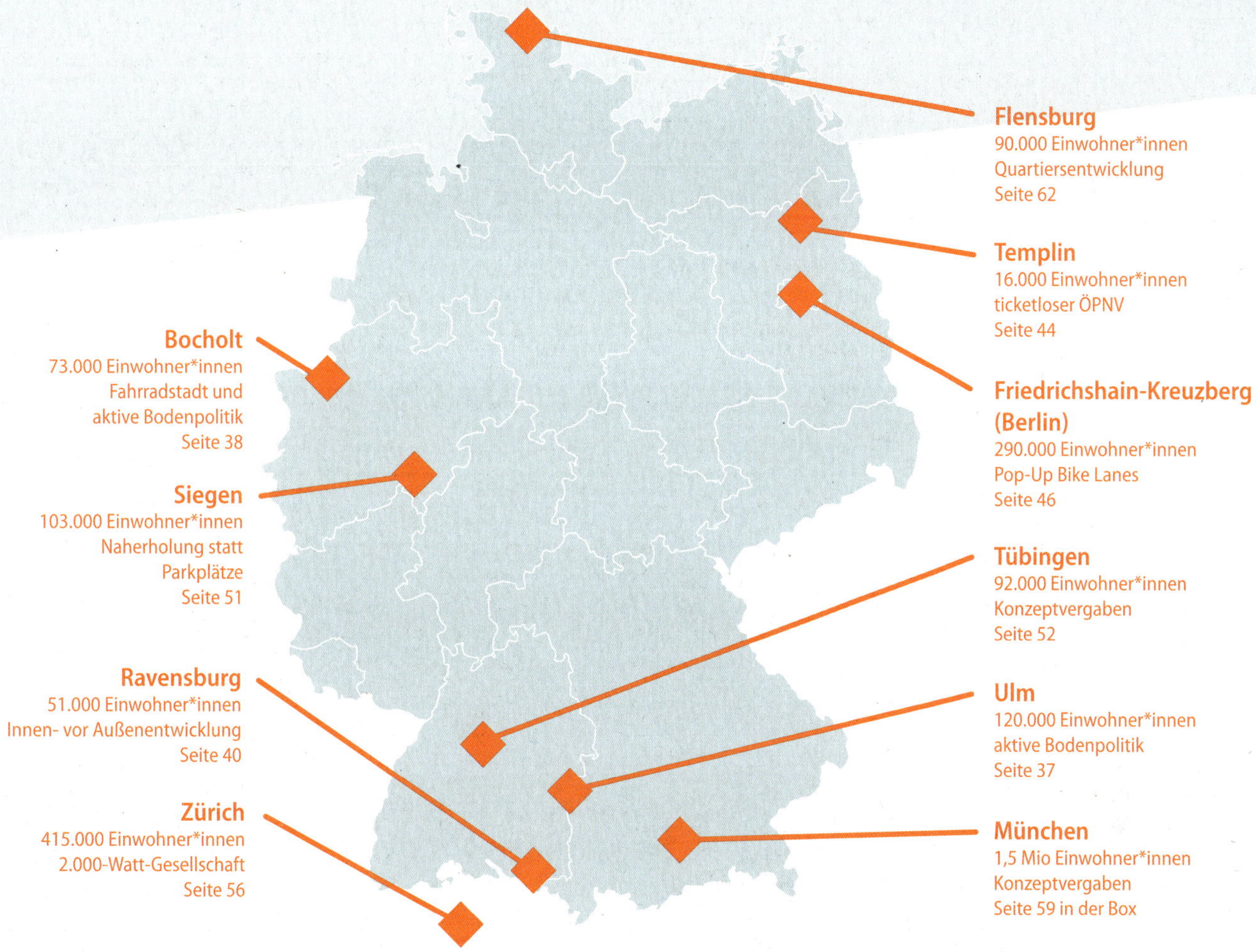

Grafik oben: Neun Städte unterschiedlicher Größe, in denen bereits heute suffizienzpolitische Maßnahmen erfolgreich umgesetzt wurden.

'mehr' zu machen, sondern das Vorhandene zu teilen.[1] Umverteilung von (Zugang zu) Stadtraum geht fast immer mit Kontroversen einher – unabhängig davon, ob das Wohnen, die Mobilität, das Gewerbe oder der Umgang mit Flächen behandelt wird. Sich als Kommune zu entscheiden, Interessenskonflikte nicht durch weiteres Flächenwachstum zu lösen, sondern durch Umverteilung, erfordert (nicht nur) einen langen Atem und kreative Konzepte. Denn einige Beteiligte empfinden im Zuge der drohenden Deprivilegierung Verlustängste. Dementsprechend stellen Routinen und verinnerlichte kulturelle Leitbilder große Hemmnisse dar, nicht nur auf Seiten der Nutzer*innen, sondern auch innerhalb der Verwaltung. Gewohnte und eingeübte Vorgehensweisen sowie die Abwesenheit einer Kultur des Scheiterns hemmen das Entstehen einer neuen Perspektive der Stadtplanung. Darüber hinaus lassen sich auch Ressourcenkonflikte beobachten. Knapp besetzten Verwaltungen fehlt oftmals das Personal für die Entwicklung und Umsetzung neuer Ideen, und in chronisch unterfinanzierten Kommunen entstehen schnell politische Spannungen, wenn zugunsten einer nachhaltigen Stadtentwicklungspolitik auf Einnahmen verzichtet werden muss oder zusätzliche Ausgaben anfallen.

Als grundlegende Umgangsstrategie mit den skizzierten Herausforderungen lässt sich in den untersuchten Städten ein Streben nach Gestaltungsmacht beobachten: Stadtverwaltungen verstehen sich als Mediatorinnen unterschiedlicher Interessen und versuchen häufig, die Konflikte zu moderieren. Zentral für die Aushandlung der Konflikte ist eine Idee des Städtischen, welche von der Stadt verfolgt wird. Das heißt, eine Vision für die jeweilige Stadt, die bei wichtigen Entscheidungen und in Entwicklungsprozessen als Richtschnur dient. In den untersuchten Städten entsteht so eine Stadtentwicklung für Viele, die nicht partikularen Interessen folgt, sondern sich stark am Gemeinwohl orientiert. Damit eine solche Idee umgesetzt werden kann, verfolgen Städte Strategien, um ihre Ressourcenverfügbarkeit zu erhöhen, insbesondere eine aktive Bodenpolitik. Darüber hinaus zeichnen sich die erfolgreichen Projekte durch einen kontinuierlichen, projekt*un*abhängigen und intensiven Austausch der Verwaltung mit den relevanten Akteur*innen, der Politik, den Einwohner*innen und den Umlandgemeinden aus. Kooperative und enge Beziehungen zu diesen Akteursgruppen schaffen eine Vertrauensbasis für neue Ideen und fördern damit die Umsetzungswahrscheinlichkeit der im Folgenden beschriebenen Maßnahmen.

Boden – Fundament nachhaltiger Stadtplanung

Suffizienzpolitik versucht den Druck durch die Umverteilung des Stadtraums, die Förderung gemeinschaftlich genutzter Flächen und durch ein Mehr an öffentlichem Wohlstand zu mindern.

Kommunale Flächen sind, insbesondere in wachsenden Städten, begrenzt und umkämpft. Viele unterschiedliche Interessensgruppen möchten die Nutzung der Flächen gestalten. Einwohner*innen brauchen Wohnraum, Gewerbebetriebe wollen sich neu ansiedeln oder erweitern, Straßen und Parkplätze werden für eine vielerorts zunehmende Anzahl an Autos bereitgestellt und Flächen der Naherholung und Freizeitgestaltung sollen die Lebensqualität erhöhen. Gleichzeitig sind viele Kommunen auf die Einnahmen der ökonomischen Verwertung der Flächen angewiesen. In dieser scheinbaren Zwangslage haben viele Kommunen in den vergangenen Jahrzehnten immer neue Baugebiete auf der „grünen Wiese" ausgewiesen, um dem anhaltenden Druck mit Wachstum zu begegnen. Vielerorts stoßen Kommunen dabei an ihre eigenen Stadtgrenzen und können keine weiteren Flächen auf ihren Gebieten ausweisen oder nur noch auf Kosten von ökologisch oder sozial wertvollen Räumen. Darüber hinaus haben Kommunen Wohnungsbestände, Grundstücke, städtische Gesellschaften und weitere Infrastrukturen privatisiert, um durch die kurzfristigen Erlöse Haushaltslöcher zu stopfen. Damit haben Kommunen aber nicht nur kurzfristige Einnahmen generiert, sondern gleichzeitig weite Teile ihres Handlungs- und Gestaltungsspielraums aufgegeben.

Suffizienzpolitik versucht den Druck durch die Umverteilung des Stadtraums, die Förderung gemeinschaftlich genutzter Flächen und durch ein Mehr an öffentlichem Wohlstand zu mindern. Verfügen Kommunen über eigenen Grund und Boden, können sie leichter gestaltend einwirken und dem Druck auf die Fläche unterschiedlich begegnen. Eine aktive Bodenpolitik, die nicht auf den Verkauf zugunsten eines kurzfristigen Gewinns setzt, sondern darauf, die Nutzung auf kommunalen Flächen mitzugestalten, kann sozial-ökologischen Problemen vorbeugen und langfristig finanzielle Vorteile erwirtschaften. Denn Kommunen sind mit einer aktiven Bodenpolitik unabhängiger vom Spekulationsmarkt, können leichter den Planwertzuwachs bei der Entwicklung von Baugrundstücken abschöpfen und die Nutzungsvorgaben der Grundstücke aktiver mitgestalten und mit den städtischen Zielsystemen in Einklang bringen. Einige Kommunen betreiben schon lange eine aktive Bodenpolitik und vergeben darüber hinaus kommunale Flächen nur in Erbbauchrechten.

Aktive Bodenpolitik, Bodenbevorratungspolitik oder auch öffentliche Liegenschaftspolitik beschreibt eine Politik des vorausschauenden Sicherns und Ankaufens von Boden durch die Kommune.

Aktive Bodenpolitik

Aktive Bodenpolitik, Bodenbevorratungspolitik oder auch öffentliche Liegenschaftspolitik beschreibt eine Politik des vorausschauenden Sicherns und Ankaufens von Boden durch die Kommune. Das Deutsche Institut für Urbanistik (Difu) unterteilt die aktive Bodenpolitik in drei wesentliche Typen.[2] Zum einen ist es der *langfristige strategische Ankauf* von Flächen, um diese für spätere Entwicklungsoptionen zu sichern. Diese Flächen können dann bei Bedarf von der Stadt selbst entwickelt oder über Erbpachtverträge Dritten zur Verfügung gestellt werden, sodass die Kommune weiterhin Eigentümerin der Flächen bleibt. Eine kurzfristigere Form der aktiven Bodenpolitik stellt der *Zwischenerwerb* von Grundstücken dar. Dazu kauft die Kommune Grundstücke auf, schafft gegebenenfalls Baurecht, um sie dann beispielsweise mittels Konzeptvergabe zum Festpreis zu verkaufen oder in Erbpacht an diejenigen mit dem besten städtebaulichen Konzept zu vergeben. Als dritte und schwächste Ausgestaltungsform der aktiven Bodenpolitik nennt das Difu Modelle *kooperativer Baulandentwicklung* auf der Basis städtebaulicher Verträge im Zuge einer Bauleitplanung. Hier agiert die Kommune nicht als Eigentümerin der Flächen, sondern handelt mit den privaten Eigentümer*innen im Rahmen der Schaffung von Baurecht Quoten für geförderten oder preisgedämpften Wohnungsbau oder weitere soziale, städtebauliche sowie ökologische Anforderungen aus.

Aktive Bodenpolitik ist nicht *per se* ein Instrument zur Einsparung von Ressourcen. Sie ist jedoch eine wesentliche Voraussetzung dafür. Denn die Verfügbarkeit über und der Zugriff auf Flächen verleiht Kommunen Gestaltungs- und Handlungsmacht. Als Eigentümerinnen und Inhaberinnen der Planungshoheit können Kommunen darüber entscheiden, wie Flächen langfristig genutzt werden. Ob der Bodenvorrat für die Befriedigung ressourcenintensiver Lebensstile, etwa in Form von Einfamilienhausgebieten, oder für sozial und ökologisch nachhaltige Stadtentwicklungsmaßnahmen eingesetzt wird, ist letztlich eine Frage des politischen Willens und der gesellschaftlichen Rahmenbedingungen. Ohne Bodenvorrat indes lässt sich weder das eine noch das andere realisieren.

Für eine gelingende aktive Bodenpolitik braucht es Kontinuität und Konsequenz, welche mit langfristigen Zielen und dem strategischen, zweck*un*gebundenen Ankauf von Flächen einhergehen.[3] Dementsprechend werden auch Forderungen laut, dass aktive Bodenpolitik ein gängiges Alltagspolitikfeld neben Feldern wie Schul- oder Verkehrspolitik wird.[4]

Eine große Hürde für eine aktive Bodenpolitik sind die oftmals fehlenden finanziellen Mittel, um Grundstücke oder Immobilien halten oder gar (zurück)kaufen und Baureife herstellen zu können. Dass eine aktive Bodenpolitik langfristig für Kommunen eine ökonomisch gewinnbringende Strategie sein kann, zeigen die Beispiele aus Ulm und Bocholt.

REVOLVIERENDER BODENFONDS

In Bocholt wurde für die Finanzierung des Bodenmanagements und der sozial gerechten Bodennutzung ein revolvierender Bodenfonds als Sonderposten im Haushalt eingerichtet, der von einer treuhändischen Entwicklungsgesellschaft verwaltet wird. Zu den Aufgaben des Bodenfonds zählen in Bocholt die Bereitstellung von Wohnbaugrundstücken durch Kauf, Verkauf, Tausch oder Vermittlung ohne Zwischenerwerb unter Berücksichtigung sozialer Kriterien.
Ein revolvierender Bodenfonds trägt sich in der Regel selbst und deckt Ankäufe durch generierte Einnahmen aus Verkäufen, Darlehensraten oder Erbpachtzinsen. Dadurch belasten Ankäufe von neuen Flächen nicht den Grundhaushalt und es kommt zu geringeren Schwankungen im Haushalt. Da in der Regel Flächen in frühen Entwicklungsstadien aufgekauft und nach der Entwicklung verkauft oder in Erbpacht vergeben werden, verbleibt ein Großteil des Planwertzuwachses – welcher vor allem durch städtische Investitionen hervorgerufen wird – im Bodenfonds und damit bei der Stadt. Dabei sind die Einnahmen und Ausgaben zweckgebunden, sodass eine zweckfremde Verwendung für andere Haushaltsposten vermieden wird. Somit können keine Flächen aus dem Bodenfonds verkauft werden, um Haushaltslöcher an anderen Stellen zu füllen und das städtische Vermögen wird nicht über die Zeit aufgezehrt. Grundsätzlich ist die Führung eines revolvierenden Bodenfonds als „Sondervermögen" im Haushalt möglich, insbesondere für Kommunen in der Haushaltssicherung empfiehlt sich jedoch das Auslagern in eine eigene Gesellschaft, die dann auch kreditfähig ist.

Ulm – das Urgestein der aktiven Bodenpolitik

In Ulm wird aktive Bodenpolitik in Form von langfristigen strategischen Ankäufen schon sehr lange und unter höchst unterschiedlichen politischen Systemen praktiziert. Seit über 125 Jahren kauft die Stadt systematisch Flächen auf und kann dadurch aktiv auf die Art ihrer Nutzung und die Stadtentwicklung Einfluss nehmen. Der lange Atem hat dazu beigetragen, dass sich mittlerweile rund ein Drittel der städtischen Flächen in kommunaler Hand befinden.[5] Allein im Jahr 2017 investierte die 120.000 Einwohner*innen zählende Stadt rund 33 Millionen Euro in den Ankauf neuer Flächen.[6] Die Flächen werden in der Regel nicht für einen konkreten Nutzungszweck erworben, beispielsweise um ein neues Krankenhaus oder eine neue Schule zu bauen. Vielmehr verfolgt die Stadt mit ihrer Ankaufspraxis das Ziel,

© Luis Fernando, unsplash

In Ulm gibt es Bauland nur direkt von der Stadt, wodurch diese die Boden- und Wohnungspreise mitgestalten kann.

DREI MODELLE FÜR DEN ANKAUF VON FLÄCHEN IN BOCHOLT

1. Flächenerwerb: Bocholt hat ein Programm zur Preisfindung für das Bauland entwickelt, um die Verhandlungen möglichst transparent zu machen. Der Kaufpreis wird residual ermittelt, das heißt, Ausgangspunkt ist der spätere Verkaufspreis des fertigen Baulandes, der für Schwellenhaushalte gerade noch bezahlbar ist. Schwellenhaushalte zeichnen sich dadurch aus, dass sie unter Einbezug aller Kosten ein Haus mit maximal 30 Prozent ihres Haushaltseinkommens finanzieren können. In der Kalkulation können alle Kosten simuliert werden. Dadurch werden Forderungen der Eigentümer*innen in ihren Auswirkungen vor allem auf Schwellenhaushalte sichtbar und die Stadt kann ihrerseits transparent machen, dass nicht die Profitsteigerung für die Kommune im Fokus steht. Durch dieses Instrument konnten Verhandlungen der Stadt zufolge maßgeblich versachlicht und erleichtert werden.

2. Optionsmodell: Bei dem sogenannten Optionsmodell kommt es nicht zu einem frühzeitigen Ankauf, sondern die Gemeinde sichert sich die Option, unter gewissen Bedingungen das Bauland zu erwerben. So kann beispielsweise vereinbart werden, dass das Land nur gekauft wird, wenn die Baulandentwicklung gelingt oder zumindest fortgeschritten ist. In diesem Fall trägt die Gemeinde nicht das Risiko der Baulandentwicklung und hat auch keine Zinslast für die Finanzierung des Ankaufs, muss dafür aber aufgrund des Gebots der angemessenen Entschädigung einen höheren Preis zahlen, im Zweifel den für Rohbauland oder gar baureifes Land. Der Ankaufspreis wird üblicherweise ebenfalls residual ermittelt. Zu beachten ist, dass es durch das Optionsverfahren nicht zu einer Selbstbindung der Gemeinde im Bauleitplanverfahren kommen darf.

3. Leistungsmodell: Dieses kann auch in Kombination mit den ersten beiden Modellen angewendet werden. Hierbei verpflichten sich Eigentümer*innen oder Investor*innen dazu, klar vereinbarte Leistungen der Baulandentwicklung anstelle des öffentlichen Trägers zu erbringen, wozu unter anderem die Bereitstellung von Grundstücken für einen ausgewählten Bewerber*innenkreis (insbesondere die Schwellenhaushalte) gehört. Hierbei haben die Voreigentümer*innen in der Regel ein Drittel des Bruttolandes zu einem Preis vor der Baulandentwicklung an die Gemeinde zu verkaufen. Gleiches wird in sogenannten Kooperationspakten mit Bauträger*innen vereinbart, die meist zusätzlich die gesamten Erschließungsmaßnahmen übernehmen und sich verpflichten, die Grundstückspreise bei Weiterveräußerung zu limitieren.

Mehr Informationen zu den Modellen finden sich bei der Stadt Bocholt[7] und bei der treuhändischen Entwicklungsgesellschaft Bocholt.[8]

die Handlungs- und Gestaltungsfähigkeit der Kommune zu erhalten. Zentrales Merkmal der Tradition der Bodenbevorratung in Ulm ist die Verfahrenskontinuität. Das Vorgehen ist immer dasselbe, es ist transparent und behandelt alle Eigentümer*innen gleich.[9] Beständigkeit und Verlässlichkeit tragen zur breiten Akzeptanz des Verfahrens bei.

Eines der Grundprinzipien der Bodenbevorratungspolitik ist, dass es Bauland nur von der Stadt selbst gibt. Das heißt, die Stadt weist ein Baugebiet erst dann aus, wenn sie Eigentümerin aller Flächen ist.[10] Dieses Prinzip lässt sich dabei nicht nur für die wenig nachhaltige Entwicklung im Außenbereich, sondern auch für große (Konversions-) Flächen im Innenbereich, bei denen ein Planbedürfnis besteht, anwenden. Dadurch kann sie nicht nur die spätere Nutzung der Grundstücke leichter mitgestalten, sondern profitiert auch in höherem Maße von Bodenwertzuwächsen, die größtenteils erst durch öffentliche Investitionen in die Infrastruktur und die Erschließung der Flächen entstehen. Im Jahr 2016 hatte die Stadt so in 16 potentiellen Wohngebieten genügend zusammenhängendes Land aufgekauft, um dort bei Bedarf neue Baugebiete ausweisen zu können. Dies wirkt sich nicht zuletzt dämpfend auf die Bauland- und Mietpreise aus.

Ein weiteres, bereits seit 1890 angewendetes Grundprinzip stellt das auch von einer Vielzahl anderer Städte verwendete kommunale Wiederkaufsrecht dar, welches durch eine Auflassungsvormerkung im Grundbuch gesichert wird. Dadurch wird sichergestellt, dass ein unbebautes, ehemals kommunales Grundstück niemals an Privat weiterverkauft werden kann.[11] Das Wiederkaufsrecht ermöglicht den Rückkauf des Grundstücks durch die Kommune, falls der festgelegte Nutzungszweck durch die neue Eigentümer*in nicht erreicht wurde. Dabei erfolgt der Rückkauf zum ursprünglichen Verkaufspreis.[12]

Bocholt – Zwischenerwerb und revolvierender Bodenfonds

Bocholt, eine Mittelstadt mit rund 74.000 Einwohner*innen im Westmünsterland, hat erst in den 1990er Jahren mit einer aktiven Bodenpolitik begonnen.[13] Boden- und Wohnungspreise stiegen, einige Bauherr*innen hielten ihre Grundstücke spekulativ zurück und die Verschuldung der Stadt stieg nicht zuletzt aufgrund wachsender Erschließungskosten immer weiter an. Bocholt verfügte nicht über die ökonomischen Ressourcen kurzfristig eine große Menge an Flächen zu erwerben, mehr noch drohte der Verkauf von Flächen zur Behebung von Finanzierungslücken in anderen Haushaltsfeldern. Daraufhin entwickelte die Stadt Bocholt ein rechtliches Instrumentarium des Zwischenerwerbs, bei dem die Stadt die Nutzung der Grundstücke aktiv mitgestalten und einen Großteil des Planwertzuwachses abschöpfen kann.

In einem Grundsatzbeschluss wurde Ende 1995 die Einführung eines Bodenmanagements beschlossen, in dem unter anderem festgelegt wurde, dass bei allen Grundstücksentwicklungen der Planwertzuwachs in der Regel durch Zwischenerwerb abzuschöpfen ist. Außerdem wurden ein revolvierender Bodenfonds eingerichtet und die Einnahmen aus Grundstücksveräußerungen für den Ankauf neuer Flächen zweckgebunden. Städtische Grundstücke ohne strategische Bedeutung wurden veräußert, um mit dem Geld strategisch wertvollere Grundstücke erwerben zu können. Die Verwaltung wurde ermächtigt, für den Ankauf von neuen Flächen mit den jeweiligen Eigentümer*innen zu verhandeln. Dabei kommen angepasst an die Bedürfnisse der Verkaufenden drei unterschiedliche Formen des Zwischenerwerbs zum Einsatz: der Flächenerwerb, das Optionsmodell oder das Leistungsmodell. Grundstücke von Eigentümer*innen, die nicht mitwirkungsbereit sind, werden nicht in die Konzeption einbezogen und nicht mit Baurecht versehen, wodurch sie auf der Wertstufe vor städtebaulicher Planung „eingefroren" werden. Dies ist jedoch nur im Außenbereich oder auf großen Flächen im Innenbereich (Außenbereich im Innenbereich) möglich, da im übrigen Innenbereich nach § 34 BauGB ein Baurecht auch ohne B-Plan besteht. Projekte mit der größten Mitwirkungsbereitschaft der Eigentümer*innen werden demnach zuerst realisiert, wodurch ein Belohnungseffekt eintritt. Zugleich dienen diese Grundstücke als Beispiel für zukünftige Verhandlungen als Verhandlungsgrundlage. Eine zentrale Gemeinsamkeit zwischen dem langfristigen Ankauf von Flächen in Ulm und dem Grundsatzbeschluss in Bocholt ist die hohe Transparenz des Verfahrens, welches unabhängig von den Käufer*innen oder Verkäufer*innen gleich angewendet wird.[14]

ERBBAURECHTE

Ein wichtiges Instrument, um die durch das aktive Bodenmanagement gewonnene kommunale Handlungsmacht nicht wieder abzugeben, ist das Erbbaurecht. Das Erbbaurecht ermöglicht es Kommunen, ihre Flächen zu behalten und nutzungsgebunden zu verpachten, meist für einen langen Zeitraum von mehreren Jahrzehnten. Die Kommune erhält von den Erbbauberechtigten einen jährlichen Zins, der vom Bodenwert abhängig ist. Wird die festgeschriebene Nutzung durch die Erbpachtnehmer*innen nicht mehr gewährleistet, kommt es zum sogenannten „Heimfall" der Fläche an die Stadt. Aufgrund der kontinuierlichen Zahlungen haben Pächter*innen ein gesteigertes Interesse daran, einen Ertrag auf dem Grundstück zu erwirtschaften und das Grundstück möglichst effizient auszunutzen. Auf diese Weise kann Bodenspekulationen durch Erbpachtverträge vorgebeugt werden, was schon bei der Einführung des Instruments vor über 100 Jahren das Ziel war. Durch den Erbbauzins fließt die Wertsteigerung des Grundstücks, welche zumeist aus den Entwicklungen im Umfeld der Fläche oder größeren gesellschaftlichen Trends resultiert, nicht (allein) an die Grundstücksbesitzer*innen, sondern wird für die Allgemeinheit abgeschöpft.

Eine große Flächenrelevanz hat das Erbbaurecht heute unter anderem in Wolfsburg. Nach 1955 bekam die Stadt einen Großteil der Siedlungsfläche als Grundeigentum aus der Treuhandverwaltung übertragen. Diese wurde und wird vorwiegend über Erbbaurechte an Bauwillige übertragen. In einigen weiteren deutschen Städten wie Berlin, Hamburg, Kiel, Lübeck, Köln, Hannover, Frankfurt am Main aber auch in Wien und Stockholm wird das Erbbaurecht in größerem Maße genutzt. Der Hamburger Senat verabschiedete Anfang 2019 einen Beschluss, nachdem in Zukunft alle stadteigenen Flächen nur noch als Erbbaurechte vergeben werden sollen. Ziel ist es unter anderem, die Immobilienbesitzer*innen langfristig an günstige Mieten binden zu können.

Seit 2004 ist das Bodenmanagement an eine städtische Gesellschaft ausgelagert, die auch den Bodenfonds verwaltet. Durch diese Auslagerung konnten der Stadt zufolge Schwankungen im städtischen Budget verhindert, die Zeitspannen der Umsetzung reduziert und das Bodenmanagement flexibilisiert werden.[15]

Gewerbe – Die kompakte Stadt

Jahrzehntelang hat das Ideal der funktionsentmischten Stadt, in der Wohnen, Arbeiten und Freizeit räumlich weit voneinander getrennt liegen, die Stadtplanung dominiert. Eng verknüpft war diese Vorstellung mit dem Leitbild der autogerechten Stadt, sollte doch das Auto als individuelles und flexibles Verkehrsmittel die voneinander entfernten Orte verbinden. Dieses Leitbild wurde 1933 in der Charta von Athen festgeschrieben und prägte den Wiederaufbau nach 1945 in vielen europäischen Städten. Spätestens seit den 1990er Jahren gewann die Debatte um eine stärkere Mischung der unterschiedlichen Funktionen wieder an Bedeutung. Im Jahr 2007 wurde auf einem EU-Minister*innentreffen die Leipzig-Charta zur nachhaltigen europäischen Stadt verabschiedet. Darin wird die Abkehr von der funktionsentmischten und autogerechten Stadt hin zu einer „Stadt der kurzen Wege" empfohlen.

Im Rahmen der Umsetzung dieses Konzepts wurde beispielsweise ein Gewerbegebiet nachverdichtet, indem Parkplätze, Lager- und Brachflächen umgenutzt wurden.

Die grüne Wiese bleibt grün - der „Ravensburger Weg"

Ravensburg verfolgt schon seit langem eine ökologisch nachhaltige Stadtentwicklung, insbesondere hinsichtlich eines schonenden Umgangs mit Flächen. Die Stadt liegt im Südosten von Baden-Württemberg, zählt etwa 50.000 Einwohner*innen und verzeichnet seit Ende der 1980er Jahre ein jährliches Bevölkerungswachstum von durchschnittlich rund acht Prozent.[16] Die Region hat sich in den vergangenen Jahrzehnten zu einem technologieorientierten Wirtschaftsraum entwickelt. Wie viele Städte, hat Ravensburg in den letzten Jahrzehnten versucht, die eigene Attraktivität und Anziehungskraft zu steigern – jedoch weniger mit der Ausweisung neuen Baulands auf der grünen Wiese, sondern mit einem eigenen, dem sognannten Ravensburger Weg.

Im Sinne der Innen- vor Außenentwicklung hat die Stadt Ravensburg schon Anfang der 2000er Jahre beschlossen, keinen zentrenrelevanten Einzelhandel am Stadtrand auf der grünen Wiese anzusiedeln.

Im Sinne der Innen- vor Außenentwicklung hat die Stadt Ravensburg schon Anfang der 2000er Jahre beschlossen, keinen zentrenrelevanten Einzelhandel am Stadtrand auf der grünen Wiese anzusiedeln. Die Baunutzungsverordnung ermöglicht diese Regulation durch entsprechende Festsetzungen in Bebauungsplänen. Damit verfolgt die Stadt ökologische Ziele und bewahrt Naherholungsräume und hochwertige Böden für die Landwirtschaft. Gleichzeitig möchte Ravensburg auf diese Weise ihre historische Innenstadt als „attraktive Einkaufsstadt in der Region" festigen und Kaufkraftzuflüsse sichern. Dabei wird auf eine Vielfalt der Funktionen, das heißt auf eine Mischung von Einzelhandel, Dienstleistungen, Gastronomie, Kultur und Wohnen geachtet. Um die Erteilung beziehungsweise Verweigerung von standortbezogenen Genehmigungen transparent zu gestalten, wurde in Ravensburg eine Sortimentliste erstellt, welche nach nahversorgungsrelevanten, sonstigen zentrenrelevanten und nicht zentrenrelevanten Sortimenten unterscheidet.[17] Auf Basis dieser Liste werden Ansiedlungen nicht oder auch nur im Zentrum genehmigt. Vergleichbare Konzepte existieren auch in anderen Städten.

Gewerbeflächen werden bevorzugt für das Handwerk und das produzierende Gewerbe reserviert, welche ansonsten im Wettbewerb mit dem Einzelhandel um Grund und Boden oft nicht bestehen könnten. Um die Ausweisung neuer Gewerbeflächen zu begrenzen, wurde ein Gewerbeflächenentwicklungskonzept verabschiedet. Im Rahmen der Umsetzung dieses Konzepts wurde beispielsweise ein Gewerbegebiet nachverdichtet, indem Parkplätze, Lager- und Brachflächen umgenutzt wurden. Mit kooperierenden Unternehmen wurde ein Mobilitätsmanagement entwickelt, das unter anderem eine kostenlose ÖPNV-Nutzung für die Mitarbeitenden enthielt, um Parkplätze einzusparen. Im Gegenzug wurden neue Höhen und Dichten für die Nachverdichtung zugelassen.

So konnte die Ausweisung eines ursprünglich angedachten neuen Gewerbegebiets unterbleiben.

Als zentrales Hemmnis für die Entwicklung einer attraktiven Innenstadt wurde der Kfz-Verkehr identifiziert. Das Verkehrskonzept der Stadt beinhaltet diverse Maßnahmen, um den motorisierten Individualverkehr aus der Altstadt zu halten: Der Stadtbus wird gefördert und kostengünstig gestaltet, *park and ride* etabliert, indem die kostenlose Busnutzung im Parkticket enthalten ist und der Bahnhof als Eingang zur Stadt eingerichtet. All dies soll das Entstehen lebendiger Räume fördern, Dichte und Frequenz von Besucher*innen steigern, weniger mobile Bevölkerungsgruppen involvieren, überflüssigen Verkehr reduzieren und so Umweltbelastungen verringern.[18] Ein Großteil der Besucher*innen steigt an den Stadtgrenzen auf andere Verkehrsmittel um, wenn sie die verkehrsberuhigte Innenstadt besuchen. Einen Wermutstropfen gibt es: Trotz dieser Bemühungen ist die PKW-Dichte in Ravensburg im letzten Jahrzehnt kontinuierlich gestiegen. In diesem Punkt unterscheidet sich Ravensburg nicht von anderen Städten.[19] Die Zahlen verweisen darauf, dass die Anstrengungen in Sachen Verkehrsentwicklung offenbar noch nicht ausreichen, damit mehr Ravensburger*innen ganz auf ihr Auto verzichten.

Als zentrales Hemmnis für die Entwicklung einer attraktiven Innenstadt wurde der Kfz-Verkehr identifiziert.

Um eine Verbindung zur „grünen Wiese" aufzubauen und die Auswirkungen menschlicher Eingriffe erfahrbar zu machen, unternahm der Stadtrat in Ravensburg beispielsweise Ausflüge in umliegende Wälder und zu Müllkippen am Stadtrand.

© oakidoki, iStock

Mobilität – Weniger Autos, mehr Platz zum Leben

In vielen Städten ist der Verkehr durch das Auto dominiert. In Mittelstädten und kleinen Großstädten wie Fürth, Ingolstadt oder Flensburg stehen rund 20 Prozent der gesamten Stadtfläche dem Verkehr zur Verfügung[20], der größte Anteil dem Autoverkehr. Und es werden in vielen Städten immer mehr Autos: Zwischen 2010 und 2020 ist die Anzahl der privat genutzten PKW in Deutschland um knapp 15 Prozent auf über 47 Millionen Fahrzeuge gestiegen. Dies führt zu mehr Staus, zu Parkplatzmangel und zu Verteilungskonflikten auf der Straße. Angesichts der Normalität von Autos in deutschen Städten bleibt häufig unsichtbar, dass Alte, Kinder und Jugendliche, Menschen ohne Führerschein oder mit zu wenig Geld für ein eigenes Auto von dieser Mobilitätsform ausgeschlossen bleiben. Das Potential von Parkplätzen und Straßen für die Steigerung von Lebensqualität wird überall dort sichtbar, wo Autos kurzzeitig oder dauerhaft die Flächen freigeben. Fußgängerzonen sind aus keiner Stadt mehr wegzudenken, in einigen Städten stellen Cafés ihre Stühle auf vormalige Parkplätze, andernorts können Kinder wieder auf der Straße und nicht nur hinter dem eigenen Gartenzaun spielen. Damit ein Weniger an Autos bei gleichbleibender oder sogar steigender Mobilität möglich wird, braucht es eine Neuverteilung von Fläche und eine Bereitstellung attraktiver Alternativen.

Angesichts der Normalität von Autos in deutschen Städten bleibt häufig unsichtbar, dass Alte, Kinder und Jugendliche, Menschen ohne Führerschein oder mit zu wenig Geld für ein eigenes Auto von dieser Mobilitätsform ausgeschlossen bleiben.

Ticketloser ÖPNV – (k)eine gute Idee für die suffizienzorientierte Mobilitätswende?

Die Begriffe des ticket- oder auch fahrscheinlosen ÖPNV werden sowohl für den Ersatz des physischen Tickets durch ein Digitales als auch für den Wegfall des Ticketpreises für die Nutzer*innen verwendet. Nicht selten wird der letzteren Variante des ticketlosen ÖPNV bei der Mobilitätswende eine wichtige Rolle zugeschrieben, in der Annahme, dass es vor allem der Ticketpreis ist, der die Menschen ins Auto statt in den Bus steigen lässt. Die brandenburgische Kleinstadt Templin hat schon vor über 20 Jahren den Test gemacht. Und in der Tat stiegen dort die Fahrgastzahlen nach dem Wegfall des Fahrpreises um das Fünfzehnfache. Ähnliches ließ sich im belgischen Hasselt, im estnischen Tallin oder im bayrischen Pfaffenhofen beobachten, welches Ende 2018 den ticketlosen ÖPNV einführte. In all diesen Städten nahm – und dies widerspricht der oben skizzierten Intention – der Anteil der Autofahrenden nur in geringem Maße ab. Der wichtigste Grund dafür war: Vor allem Fußgänger*innen, Radfahrende und Menschen, die zuvor weniger mobil waren, haben die kostenlosen ÖPNV-Angebote genutzt. Der ökologisch orientierte Verkehrsclub Deutschland (VCD), sieht im ticketlosen ÖPNV daher auch „eine Kannibalisierung des Umweltverbundes, der den Wettbewerb zwischen den umweltfreundlichen Mobilitätsformen verzerrt".[21] Der Konkurrenz innerhalb des Umweltverbundes kann aus Sicht des VCD durch einen geringen Ticketpreis vorgebeugt werden. Radfahren und zu Fuß gehen bilden bei geringem Ticketpreis immer noch die kostengünstigere Alternative. Gleichzeitig begünstigt der geringe Ticketpreis den ÖPNV gegenüber dem verhältnismäßig kostenintensiven Auto. Im Vergleich zum steuerfinanzierten, „kostenlosen" ÖPNV kann ein niedriger Pauschalpreis nach Einschätzung des VCD somit die Umstiegswahrscheinlichkeit vom Auto auf den ÖPNV bei gleichzeitiger Ausbalancierung der potentiellen Nebeneffekte etwas erhöhen.[22]

Entscheidender für den Wechsel als der Preis, sind meist andere Faktoren: Schnelligkeit, Komfort und Praktikabilität. Wenn der Bus bis in den späten Abend hinein in hoher Taktung fährt, die nächste Haltestelle nie weit ent-

© Manki Kim, unsplash

fernt liegt und die Linienführung intelligent die ganze Stadt abdeckt, bildet der ÖPNV für viele Menschen eine attraktive Alternative zum Auto. In zahlreichen Städten stoßen die Kapazitäten des ÖPNV allerdings an ihre Grenzen. Nicht allein, weil das Geld für neue Busse und Bahnen fehlt, sondern auch, weil die Busse im Stau stehen. Weniger Autos und mehr Busspuren können hier Abhilfe schaffen. Wird auf eine Erweiterung des Straßenraums verzichtet, muss hierfür eine PKW-Spur oder ein Parkplatzstreifen weichen.

Rückenwind kommt hierfür von einer Studie aus Kassel, die anhand der Städte Kassel, Bremen und Kiel aufzeigt, dass die kommunalen Ausgaben für die Errichtung und Erhaltung der Infrastruktur für den PKW-Verkehr deutlich über denen des ÖPNV liegen.[23] Der ÖPNV weist also aus kommunaler Sicht einen deutlich höheren Kostendeckungsgrad als der motorisierte Individualverkehr auf. Bezieht man die externen Kosten wie Umweltschäden, Unfälle oder Gesundheitsbelastungen mit ein, werden die Vorteile des ÖPNV noch deutlicher. Eine stärkere Privilegierung des ÖPNV gegenüber dem motorisierten Individualverkehr kann also auch finanzielle Vorteile bieten. In jedem Fall muss der ÖPNV niedrigschwellig nutzbar, komfortabel, praktisch und schnell sein und zugleich der Automobilverkehr eingedämmt werden, damit eine Mobilitätswende gelingt.

Die Corona-Krise hat dem attraktiven ÖPNV noch eine weitere Komponente hinzugefügt. Zu Beginn der Krise brachen die Fahrgastzahlen in einigen Städten um 60 bis 80 Prozent ein.[24] Dass sich Busse und Bahnen jedoch rasch wieder füllten, verweist auf die große Relevanz der Verkehrsmittel einerseits und andererseits auf die Notwendigkeit aus der Coronazeit zu lernen. Denn die Corona-Krise, die rasch zu einer Krise des ÖPNV wurde, hat bereits bekannte Problemlagen im Bereich Mobilität verstärkt und dadurch sichtbarer werden lassen. Soziale Ungleichheiten etwa und damit zusammenhängende unterschiedliche Verletzlichkeiten gegenüber Krisen: Wer kein Auto hat und wer nicht im home office tätig sein kann – dies trifft überwiegend Menschen in niedrigen Einkommensgruppen – ist (oft) darauf angewiesen, mit den Öffentlichen mobil zu sein. Die Corona-Krise zeigt, dass ein breit akzeptierter und genutzter ÖPNV nicht nur niedrigschwellig, bezahlbar und alltagstauglich sein sollte. Er muss auch sicher sein und zwar nicht allein im bislang geltenden Sinn, Schutz vor Unfällen bieten. Sondern der ÖPNV beziehungsweise das Mobilitätssystem muss darüber hinaus auch resilient, das heißt widerstandsfähig sein gegenüber Pandemien, denn aller Voraussicht nach wird Corona nicht das letzte Ereignis dieser Art gewesen sein.[25]

Ein kostengünstiger ÖPNV ist nicht nur eine ökologische und sozial inklusive Alternative zum PKW, sondern kann auch für die Kommune kosteneffizienter als der motorisierte Individualverkehr sein.

Der ÖPNV weist also aus kommunaler Sicht einen deutlich höheren Kostendeckungsgrad als der motorisierte Individualverkehr auf.

Die Stadt Templin – Vorreiterin des ticketlosen ÖPNV

Mitte der 1990er Jahre litt der Mobilitätssektor im brandenburgischen Templin unter zwei Problemen: Insbesondere in der historischen Altstadt staute sich der PKW-Verkehr und der defizitäre ÖPNV wurde nur sehr wenig genutzt (Kostendeckungsgrad 14 Prozent).[26] Um diesen Problemen zu begegnen, gründete sich ein Arbeitskreis bestehend aus der Stadt Templin, dem Landkreis Uckermark, dem Fremdenverkehrsverein und dem Verkehrsunternehmen der Uckermärkischen Verkehrsgesellschaft (UVG mbH). Außerdem wurde das Tourismusmanagement hinzugezogen. Die Runde diskutierte über die Einstellung des ÖPNV, entschied sich aber für das genaue Gegenteil: Der Stadtbus sollte für die Nutzer*innen vollständig kostenfrei werden. Damit sollte die Luftqualität verbessert und der Kurstatus, der aufgrund hoher Schadstoffemissionen zur Disposition stand, gesichert sowie die Lebensqualität für Einwohner*innen und Tourist*innen gesteigert werden. Man versprach sich zudem einen Werbeeffekt für den Kurort, welcher finanzielle Nebeneffekte durch gesteigerte Steuereinnahmen befördern sollte.

Die Runde diskutierte über die Einstellung des ÖPNV, entschied sich aber für das genaue Gegenteil: Der Stadtbus sollte für die Nutzer*innen vollständig kostenfrei werden.

In Templin entschied man sich nicht nur für einen ticketlosen ÖPNV, sondern begann schon vor Projektstart mit einer systematischen Verbesserung der ÖPNV-Infrastruktur. Es wurden zwei neue Haupt- und zwei Nebenlinien installiert, 24 neue überdachte Bushaltestellen errichtet, die Zahl der Haltestellen von 27 auf 42 erhöht und ein zentraler Umsteigepunkt am Markt in der Altstadt eingerichtet.[27] Nach Planungen der Stadt Templin sollten Haltestellen weniger als 150 Meter von den Wohnungen der Einwohner*innen entfernt liegen und einen Abstand von 300 bis 350 Metern voneinander aufweisen.[28]

Gestartet als ökologisch und ökonomisch motiviertes Projekt, um unter anderem den Kurstatus zu erhalten, ist der kostengünstige ÖPNV heute vor allem eine sozialpolitische Maßnahme und über alle Fraktionen hinweg unumstritten.

Innerhalb eines Jahres stiegen die Fahrgastzahlen von 41.000 auf 350.000[29], innerhalb von weiteren drei Jahren insgesamt um das 15-fache.[30] Dieser Anstieg beruhte jedoch weniger auf PKW-Fahrenden, die auf den ÖPNV umstiegen, sondern mehr auf dem „häufigeren Fahren von bereits den ÖPNV nutzenden Personen und Umsteigen des nichtmotorisierten Individualverkehrs".[31] Die finanzielle Belastung der Kommune stieg deutlich. Um „Spaßfahrten" und eine nicht bedürfnisorientierte Übernut-

In Templin gibt es schon seit über 20 Jahren Erfahrungen mit dem kostenlosen und -günstigen ÖPNV, der mittlerweile parteiübergreifend unterstützt wird.

© Stadt Templin

zung des ÖPNV einzudämmen, führte die Stadt im Jahr 2002 eine günstige Jahreskarte von 29 Euro ein, im Jahr 2007 wurde der Preis auf 44 Euro erhöht und ist seitdem konstant. Die Fahrgastzahlen haben sich seitdem ungefähr auf dem sechsfachen Niveau von vor der Einführung der Maßnahme eingependelt. Tourist*innen mit Kurkarte fahren weiterhin kostenlos und auch Menschen aus den Umlandgemeinden können mit einer Kurkarte von großen Rabatten profitieren.

Gestartet als ökologisch und ökonomisch motiviertes Projekt, um unter anderem den Kurstatus zu erhalten, ist der kostengünstige ÖPNV heute vor allem eine sozialpolitische Maßnahme und über alle Fraktionen hinweg unumstritten.[32] Der erschwingliche und gut ausgebaute ÖPNV erhöht die Teilhabe von Älteren, Jugendlichen und Menschen die kein Auto besitzen oder nicht fahren können. Außerdem sind die Unfälle im Straßenverkehr deutlich zurückgegangen. Die Stärkung des Umweltverbundes und die Einschränkung des motorisierten Individualverkehrs, gegebenenfalls in Kooperation mit den Nachbarkommunen, könnte zusätzliche ökologische Effekte, wie geringeren Flächenverbrauch und weniger Emissionen zur Folge haben.

„Sie radeln einfach deshalb, weil es heute die schnellste und bequemste Möglichkeit ist vorwärts zu kommen".

Fahrradfahren und zu Fuß gehen – eine Frage der Infrastruktur

„Sie radeln einfach deshalb, weil es heute die schnellste und bequemste Möglichkeit ist vorwärts zu kommen".[33] So erklärt Morten Kabell, ehemaliger Umweltbürgermeister Kopenhagens, warum in der dänischen Hauptstadt rund 62 Prozent der Bürger*innen jeden Tag mit dem Fahrrad zur Arbeit oder zur Schule fahren. Nur neun Prozent dagegen nutzen für diese Wege das Auto. Gerade mal sieben Prozent der Radfahrenden fahren aus Umweltschutzgründen. Diese Zahlen verweisen auf die markantesten Aspekte fahrradfreundlicher Städte: Vergleichsweise viele Wege werden mit dem Fahrrad zurückgelegt und die Infrastruktur ist gut ausgebaut. Eine Verkehrsinfrastruktur, die sich überwiegend an den Bedürfnissen von Fahrradfahrer*innen (und Fußgänger*innen) orientiert, sorgt für deutlich mehr Sicherheit im Straßenverkehr und befördert so diese Mobilitätsformen, beispielsweise durch kreuzungsarme Wegeführung oder die physische Trennung von Fahrbanen für den Auto-, den Rad- und Fußverkehr. Viele dieser Erkenntnisse ließen sich eins zu eins auf den Fußverkehr übertragen, auch dieser braucht zuallererst eine attraktive und barrierearme Infrastruktur.

Eine attraktive Fahrrad- und Fußverkehrsinfrastruktur ist ein Schlüsselfaktor für die Mobilitätswende und für Kommunen langfristig kostengünstiger als die Instandhaltung und der Ausbau von PKW-Infrastrukturen.

© Bruno Wansing, Stadt Bocholt

PANDEMIERESISTENTE INFRASTRUKTUR: POP-UP BIKE LANES

Einige Städte haben auf die Corona-Krise mit dem beschleunigten Ausbau der Radinfrastruktur reagiert und sogenannte Pop-up Bike Lanes eingerichtet. Unter anderem in Berlin, Köln, München, Stuttgart und Nürnberg, in Leipzig, Düsseldorf und Fürth wurden temporäre Fahrradwege ausgewiesen. Gelbe Markierungen und Absperrbaken kennzeichneten die neuen Wege, für die in der Regel die rechte Fahrspur oder ein Parkstreifen umgenutzt wurde.

Ziel ist es, Fahrradfahrer*innen mehr Platz einzuräumen und ihnen zu ermöglichen, die im Zuge der Corona-Pandemie geforderten Abstandsregeln auch im Straßenverkehr einzuhalten. Begründet wurden die Maßnahmen damit, dass die Nutzung von Bussen und Bahnen im Frühsommer 2020 erheblich zurückging, weil sie aufgrund der Enge als Orte potentieller Ansteckung mit COVID-19 galten. Argumentiert wurde zudem, dass nicht alle ÖPNV-Nutzer*innen auf ein Auto ausweichen konnten oder wollten – eine Option, die im Sinne einer nachhaltigen Mobilität zumeist auch politisch nicht gewollt war. Die rasch eingerichteten temporären Fahrradstreifen sollten also zumindest für die Nahmobilität Entlastung bieten. Die Maßnahmen werden in allen Städten kontrovers diskutiert. Befürworter*innen argumentieren, die Corona-Krise beschleunige nur Entwicklungen, die ohnehin verkehrs- und klimapolitisch seit langem beschlossen sind, nämlich die Umverteilung des Straßenraums zugunsten nachhaltiger Verkehrsmittel, wie eben dem Rad. Kritiker*innen dagegen monieren, die aktuelle Krise und die Abstandsregelungen würden als Vorwand genutzt, den motorisierten Verkehrsfluss zu behindern und Autofahrer*innen zu benachteiligen. Die FDP bezweifelte die Rechtmäßigkeit des Vorgehens, woraufhin die Wissenschaftlichen Dienste (WD) des Bundestages im Juni 2020 die rechtlichen Rahmenbedingungen der Anordnung solcher Radwege prüften und im Ergebnis den Kommunen die juristische Legitimität des Vorgehens bescheinigten.[34] Die Regelung in § 45 Straßenverkehrsordnung (StVO) erlaubt Kommunen die zeitweise und auch dauerhafte Einrichtung von Radfahrstreifen.

Vorreiter in Sachen Pop-up Bike Lanes war der Berliner Bezirk Friedrichshain-Kreuzberg. Die ersten Kilometer der provisorischen Infrastruktur entstanden dort bereits im März 2020. Nach Auskunft des Bezirks waren bis August 2020 13 Kilometer solcher Fahrradwege eingerichtet, bis Ende des Jahres sollen insgesamt 21 Kilometer entstanden sein, die zudem ebenfalls bis Jahresfrist baulich verstetigt sein sollen. Zum Vergleich: Das bestehende Radwegenetz, ohne Pop-up Radwege, in Friedrichshain-Kreuzberg umfasst rund 40 Kilometer bei 140 Kilometern Straße. Der Radverkehr im Bezirk hat, laut Verkehrszählungen des Straßen- und Grünflächenamts, seit Beginn der Pandemie um 15 Prozent zugenommen. National und international haben die Berliner Maßnahmen große Aufmerksamkeit erregt. Nicht nur in den Medien wurde über das Vorgehen intensiv berichtet, auch Wissenschaftler*innen haben sich den Pop-up Bike Lanes angenommen.[35] Dem Vorbild der Friedrichhain-Kreuzberger Verwaltung sind Städte im In- und Ausland gefolgt: Neben den oben genannten deutschen Kommunen, finden sich auch in Paris, Mailand, Mexico-Stadt, Wien und Budapest provisorische Radwege.

Die Pop-up Bike Lanes treffen allerdings nicht überall auf positive Resonanz. Im September 2020 gab das Berliner Verwaltungsgericht dem Eilantrag eines Berliner AfD-Politikers gegen acht der Pop-up Bike Lanes statt und verpflichtete die Senatsverwaltung die entsprechende Beschilderung und Fahrbahnmarkierung wieder zu entfernen. Dabei hat das Gericht die Möglichkeit von befristeten Radwegen auf der Grundlage des § 45 StVO nicht grundsätzlich verneint, jedoch betont, dass das Straßenverkehrsrecht ausschließlich der Regelung der Sicherheit und Ordnung des Verkehrs dient. Gegen den Verwaltungsgerichtsbeschluss legte die Senatsverwaltung Berufung ein. Durch Nachreichung von Verkehrszählungen und Unfallstatistiken konnte die Senatsverwaltung die Gefahrenprognose belegen. Aufgrund dieser Belege stoppte das Oberverwaltungsgericht die erstinstanzliche Entscheidung, da die öffentlichen Belange die privaten Belange des

© Alexander Czeh, QIMBY

*Die Pop-up Bike Lanes stellen eine Form experimenteller Beteiligung dar: Dadurch, dass sie niederschwellig in der Praxis getestet werden, müssen sich alle Nutzer*innen der Straße dazu verhalten. Das so eingesammelte Feedback kann integriert werden, wenn die Radwege wie geplant auf Dauer gestellt werden.*

Antragsstellers überwiegen. Somit können die Pop-up Bike Lanes vorerst bleiben, die endgültige Entscheidung über die Beschwerde des Antragsstellers steht zum Zeitpunkt des Redaktionsschlusses noch aus.

Wie in vielen anderen gesellschaftlichen Bereichen auch, hat die Corona-Krise die im Mobilitätssektor bestehenden Probleme und Herausforderungen besonders sichtbar werden lassen. Deutlich wurde, dass eine Umverteilung des Straßenraums, die vor der Krise kaum möglich schien, binnen kurzer Zeit nicht nur in den Bereich des Möglichen gelangte, sondern tatsächlich punktuell realisiert werden konnte. Insofern hat die Krise Möglichkeitsräume eröffnet. Ob die Veränderungen der Radwegenetze die Krise allerdings überdauern werden, ist ungewiss. Noch ist nicht absehbar, ob die temporären Radwege, wie in Berlin vorgesehen, überall in permanente Infrastruktur umgewandelt werden, oder ob die Rückkehr zur Normalität eine vollstätige Wiederherstellung des Status quo ante bedeutet. Doch auch wenn die Radwege wieder verschwinden, eines bleibt: Die Erfahrung, dass eine Umverteilung des Straßenraums grundsätzlich und rasch möglich ist – sofern der Wille dies zu tun, vorhanden ist und bei der Umsetzung die rechtlichen Voraussetzungen sorgfältig beachtet werden.

Eine Förderung des Fuß- und Fahrradverkehrs ist für Kommunen ungleich günstiger als die Unterstützung des Autoverkehrs. Kopenhagen etwa begann in den 1980er Jahren mit der Förderung des Radverkehrs – ein umfangreiches Wegenetz und zahlreiche Fahrradbrücken sind entstanden. Gekostet haben diese infrastrukturellen Veränderungen circa 280 Millionen Euro.[36] Aktuell investiert Kopenhagen gut 35 Euro pro Einwohner*in und Jahr in die Radverkehrsförderung. Das ist ein Vielfaches der Investitionen deutscher Großstädte, die im Schnitt zwischen zwei und fünf Euro ausgeben.[37] Zwar investiert Kopenhagen mehr in die Fahrradverkehrsinfrastruktur, spart damit aber im Vergleich viel Geld, denn Straßen, Parkplätze und andere Infrastrukturen für Autos zu bauen und zu unterhalten, ist deutlich teurer. So kosten beim vermutlich teuersten Straßenbauprojekt Deutschlands, dem Ausbau der A100 in Berlin 3,2 Kilometer Stadtautobahn 613 Millionen Euro.[38] Hinzu kommen externe Kosten für Gesundheit, Klimafolgen und Unfälle, die für den Autoverkehr deutlich höher ausfallen. In einer Kosten-Nutzen Berechnung der Universität Lund aus dem Jahr 2018 wurden die Verkehrsinvestitionen für Rad und Auto verglichen und hinsichtlich ihrer Rentabilität geprüft. Der Studie zufolge entstehen in Deutschland pro Auto und Jahr Kosten von rund 4.000 Euro, die nicht durch Steuern, Abgaben und Versicherungen gedeckt sind, das entspricht 20 Cent pro Personenkilometer. Fahrradfahrende verursachen hingegen keine Kosten, sondern spielen der Volkswirtschaft, vor allem aufgrund positiver Gesundheitswirkung und deutlich weniger Unfällen, sogar rund 30 Cent pro Kilometer ein.[39]

Neben den positiven Gesundheits- und Kosteneffekten kann die Förderung des Rad- und Fußverkehrs zu deutlichen Senkungen des Ressourcenverbrauchs insbesondere in Bezug auf knappe Flächen, Material, Energie und Treibhausgasemissionen beitragen. Zusätzlich trägt eine Förderung des Fuß- und Radverkehrs dazu bei, öffentliche Flächen vom Autoverkehr für neue Nutzungen zurückzugewinnen, Lärm zu reduzieren und insgesamt die Attraktivität des öffentlichen Raumes und damit die Lebensqualität zu verbessern.

Bocholt – Fahrradfahren von Jung bis Alt

Eine der fahrradfreundlichsten Mittelstädte in Deutschland ist das westmünsterländische Bocholt: Im Jahr 2019 wurde die Stadt Bocholt zum sechsten Mal Siegerin in der Kategorie der Mittelstädte (50.000 bis 100.000 Einwohner*innen) im bundesweiten Fahrradklimatest des Allgemeinen Deutschen Fahrrad-Clubs (ADFC). Das Fahrrad bleibt das Verkehrsmittel der Wahl unter den Bocholter*innen. Tatsächliche besitzt jede*r von ihnen im

213 Kilometer Radwege ziehen sich durch das Stadtgebiet und der Anteil des Rades am Hauptverkehrsaufkommen liegt bei rund 39 Prozent.

In der Mittelstadt Bocholt werden 39 Prozent der Wege mit dem Fahrrad, aber nur 3 Prozent mit dem ÖPNV zurückgelegt.

© Bruno Wansing, Stadt Bocholt

Durchschnitt zwei Räder. 213 Kilometer Radwege ziehen sich durch das Stadtgebiet und der Anteil des Rades am Hauptverkehrsaufkommen liegt bei rund 39 Prozent.[40]

Die Förderung des Radverkehrs hat in Bocholt Tradition. An vielen Stellen zeigt sich die Berücksichtigung der Bedürfnisse Radfahrender: Die Siedlungsstruktur wurde bereits in der Planung so angelegt und fortlaufend erweitert, dass sie eine hohe Netzdurchlässigkeit für Radfahrende und Fußgänger*innen bietet, das heißt, Wege sind für den Autoverkehr gesperrt, für Radfahrende und Fußgänger*innen aber durchgängig nutzbar. Eine ähnliche Strategie wird auch im dänischen Kopenhagen oder im belgischen Houten verfolgt. Dort ist es ebenfalls einfach, sich mit dem Rad oder zu Fuß zwischen den Stadtvierteln zu bewegen, während man mit dem Auto mitunter längere Umwege in Kauf nehmen muss. In Bocholt ist das Straßennetz geprägt von vielen Tempo-30-Zonen, sowie von Einbahnstraßen, die für Radfahrende in beide Richtungen befahrbar sind. Es gibt zahlreiche Radwege neben Hauptverkehrsstraßen und eigenständige Fahrradstraßen. Allgemein ist das Netz der Radwege engmaschig und feingliedrig angelegt. An Verkehrsknotenpunkten geben vorgezogene Aufstellflächen und großzügige Markierungen Raum und Führung für den Radverkehr. Für Vorsprung im Straßenverkehr sorgen zusätzlich eigene Ampelsignale für Radfahrende. Die Stadt bemüht sich außerdem, die bereits vorhandenen Radwege zu Schnellradwegen auszubauen und Fahrradstellplätze an zentralen Orten wie dem Busbahnhof, in der Innenstadt oder dem Liebfrauenplatz zu überdachen und zum Teil sogar zu überwachen.

Autoarme Mobilität durch Umverteilung von Flächen

Wenn Städte den konsequenten Ausbau von ÖPNV-, Fahrrad- und Fußverkehrsinfrastruktur vorantreiben, kommt es häufig zu Konflikten um den begrenzten öffentlichen Raum, meist um Verkehrsflächen, die bislang dem Auto zugedacht sind. Da der Verkehrsraum, insbesondere in innerstädtischen Lagen, nicht mehr erweitert werden kann, um zusätzlich Platz für alternative Verkehre zu schaffen, stehen Kommunen vor der Aufgabe, den vorhandenen Raum neu zu verteilen. Oftmals werden Parkplätze oder Fahrspuren des Autoverkehrs zu Fahrradabstellanlagen, Radwegen oder Busspuren umgewidmet. Diese Umverteilung ist nicht nur nötig, um den Verkehrsmitteln des Umweltverbundes mehr Platz einzuräumen, sondern auch, um mehr Autofahrer*innen aus Gründen des Klimaschutzes und zur Steigerung der Lebensqualität in den Städten zum Umstieg zu bewegen. Zu einer erfolgreichen Förderung des ÖPNV-, Fahrrad-, und Fußverkehrs im Sinne einer Mobilitätswende gehören also immer auch Einschränkungen für den motorisierten Individualverkehr.

© Bruno Wansing, Stadt Bocholt

Den Fahrradverkehr in Städten zu fördern bedeutet vielfach Fläche umzuverteilen.

TRANSPARENZ UND KOOPERATION MIT EINWOHNER*INNEN UND POLITIK IN SIEGEN

Der Abriss der Siegplatte war umstritten. Die Stadt ging einen eher ungewöhnlichen Weg, sie setzte auf Transparenz und Partizipation. Die Baumaßnahmen wurden durch eine intensive Öffentlichkeitsarbeit begleitet, etwa durch das Baustellenmarketing in Form eines Internetauftritts, ein Baustellenbüro und Informationsmaterialien sowie umfassende Informationsangebote zum Umgestaltungsprozess.[41] Auf der preisgekrönten Internetseite wurde mehrmals im Monat über den Baufortschritt und aktuelle Ereignisse berichtet. Außerdem wurde anlässlich des Umbaus sechs Mal eine Stadtteilzeitschrift herausgegeben. Der Bürgermeister und der Baustadtrat boten mindestens einmal pro Monat eine Baustellenführung an, bei der sie über die Planungen und den Fortschritt informierten. Eine Malaktion von Schulklassen vor dem Abriss der Siegplatte oder der Verkauf von Bruchstücken der Siegplatte als Andenken, ließen die Bevölkerung am Veränderungsprozess teilhaben. Neben den selbstorganisierten Veranstaltungen hat die Stadtverwaltung bei jedem Stadtteilfest, an verkaufsoffenen Sonntagen oder zu anderen Anlässen in der Stadt Informationsstände aufgebaut. Es gab Aktionen wie die „Abrissparty Siegplatte" und Architekturabende der Universität. Die Einwohner*innen konnten über diverse Entscheidungen online abstimmen, so zum Beispiel über einen neuen Standort der stadtgeschichtlich bedeutenden Standbilder von Hütten- und Bergmann, im Volksmund „Henner und Frieder" auf der neuen Oberstadtbrücke, an der fast 1.600 Siegener*innen teilnahmen. Nicht zuletzt blieben die Bauzäune während der Arbeiten offen, um die Veränderung den Bürger*innen transparent zugänglich zu machen. Mit einem dreitägigen Uferfest schließlich wurde die Eröffnung der neuen Uferanlage gefeiert.[42]

Um eine enge und kooperative Zusammenarbeit zwischen Verwaltung und Politik zu ermöglichen, wurde zu Beginn des Verfahrens ein gemeinsamer Arbeitskreis gegründet, in dem regelmäßig über den Zwischenstand informiert wurde. Anwesend war immer auch der Projektleiter des Büros, das den Wettbewerb gewonnen hatte. Der Arbeitskreis besaß keine besonderen Befugnisse, sondern diente vor allem der engmaschigen Information und Abstimmung zwischen Planer*innen, Verwaltung und Politik und unterstützte so die Arbeit in den politischen Ausschüssen. Eine Zusammenarbeit mit Immobilien- und Grundstückseigentümer*innen, Geschäftstreibenden und Gastronom*innen sowie mit der Immobilien- und Standortgemeinschaft und der Gesellschaft für Stadtmarketing ergänzte den Prozess.

Der transparente und auf Kooperation setzende Umgang der Fachverwaltung mit Bürger*innen und den Vertreter*innen der Politik war ein wichtiges Element, um die Siegplatte als Teil der automobilen Infrastruktur zurückbauen zu können.

Das Flussbett der Sieg, die sich mitten durch die Innenstadt schlängelt, war für viele Jahre durch die sogenannte Siegplatte, einem Parkplatz für rund 200 PKW, verdeckt.

© Universitätsstadt Siegen

Siegen – Naherholung statt Parkplätze

In der Nachkriegszeit wurde die 100.000 Einwohner*innen zählende Stadt Siegen, wie viele deutsche Städte, zu einer autogerechten Stadt umgebaut. Breite Straßen, zahlreiche Parkplätze und geringe Aufenthaltsqualität im öffentlichen Raum prägen das Stadtbild. Das Flussbett der Sieg, die sich mitten durch die Innenstadt schlängelt, war für viele Jahre durch die sogenannte Siegplatte, einem Parkplatz für rund 200 PKW, verdeckt.

Seit 1991 existierten Pläne für den Abriss der Siegplatte. Erst 2009, die Siegplatte war inzwischen stark sanierungsbedürftig, schrieb die Stadt im Rahmen eines Strukturförderprogramms des Landes Nordrhein-Westfalen einen freiraumplanerischen Wettbewerb aus. Anders als die Umgestaltung, wäre eine Sanierung der Siegplatte nicht förderfähig gewesen. Eine Jury, zusammengesetzt aus Vertreter*innen von Rat und Verwaltung, unabhängigen Architekt*innen und Landschaftsplaner*innen, traf in einem mehrstufigen Verfahren die Entscheidung für einen Komplettabriss der Siegplatte sowie den Bau einer Treppenanlage am Siegufer. Neben der Freilegung und Umgestaltung der Sieg wurden im gleichen Zug eine Straße zur Fußgängerzone umgewidmet, eine weitere von vier auf zwei Spuren verringert, Geh- und Überwege für Fuß- und Radfahrer*innen verbessert, Kurzzeitparkplätze sowie eine neue Bushaltestelle eingerichtet und die Aufenthaltsqualität durch Begrünung erhöht.

Im Vorfeld der Umbaumaßnahme gab es „harte Kämpfe"[43] und umfangreiche Kritik an der Planung. Die Siegplatte war im Vergleich zu den umliegenden Parkhäusern ein beliebter Parkplatz. Darüber hinaus waren viele angrenzende Immobilieninhaber*innen und Einzelhändler*innen skeptisch, ob der Wegfall der Parkplätze ihr Geschäft schädigen, beziehungsweise den Wert ihres Eigentums mindern würde. Und schließlich wurde durch die Reduzierung von Fahrbahnen ein Verkehrschaos befürchtet. Die Stadt versuchte, mit Gutachten und Fachplanungen die Befürchtungen zu entkräften und durch einen steten Informationsfluss für Transparenz zu sorgen, da es im politischen Raum und in der Verwaltung eine breite Rückendeckung für das Projekt gab.[44] So wurde zum Beispiel gutachterlich überprüft und nachgewiesen, dass in der Innenstadt ausreichend alternative Stellplatzflächen vorhanden waren. Zusätzlich wurde ein Parkplatzkonzept erarbeitet. Den Umbau selbst begleitete die Stadt mit zahlreichen Aktivitäten und Informationsformaten. Die Kritik ist längt abgeklungen. Die Stadt hat durch den Abriss eine Parkfläche verloren, dafür aber ein neues naturnahes innerstädtisches Zentrum gewonnen, einen Ort, der durch den Umbau nicht unattraktiver geworden ist, sondern wegen seiner hohen Aufenthaltsqualität gern und viel genutzt wird.

Die Stadt hat durch den Abriss eine Parkfläche verloren, dafür aber ein neues naturnahes innerstädtisches Zentrum gewonnen, einen Ort, der durch den Umbau nicht unattraktiver geworden ist, sondern wegen seiner hohen Aufenthaltsqualität gern und viel genutzt wird.

© Universitätsstadt Siegen

Für Einige unerwartet ist durch die Freilegung der Sieg im Stadtzentrum Siegens ein neues urbanes Zentrum entstanden.

Wohnen – von privatem Luxus zu öffentlichem Wohlstand

Der Anstieg der Wohnfläche verschärft nicht nur die Konflikte um Flächen, sondern schmälert auch die Energieeinsparungen, welche durch bessere Dämmung der Häuser erreicht werden, deutlich.

Die Trends im Wohnbereich lassen sich kurz zusammenfassen: Menschen leben in immer kleineren Haushalten auf zunehmend größerer Fläche. Aktuell bestehen rund drei Viertel aller Haushalte aus nur einer oder zwei Personen. Die Wohnfläche pro Kopf steigt stetig, sie liegt gegenwärtig bei knapp 47 Quadratmetern. Die historische Entwicklung in diesem Sektor ist bemerkenswert: Die Fläche, auf der heute in Deutschland gelebt wird, würde für 200 Millionen Menschen ausreichen – würden sie auf einer Fläche leben, die in den 1960er Jahren üblich war. Die mit Abstand am häufigsten gebauten Wohngebäude sind Ein- und Zweifamilienhäuser. Jahrzehntelang wurde die Nachfrage nach Wohnraum unter anderem durch politische Förderung und immobilienwirtschaftliche Interessen hoch gehalten. Städte und Gemeinden haben mit der Ausweisung von immer neuen Baugebieten auf der grünen Wiese versucht, dem Druck zu begegnen. Vielerorts sind die Grenzen des Wachstums längst erreicht, schlichtweg, weil Städte keine Flächen mehr im eigenen Stadtgebiet für Wohnraum bereitstellen können. Die Folgen dieser Wohnungspolitik sind weitreichend. Der Verbrauch knapper Naturräume und landwirtschaftlicher Flächen schreitet fort, Miet- und Immobilienpreise steigen vielerorts deutlich schneller als die Reallöhne, sodass viele Menschen aus ihren angestammten Wohnorten verdrängt werden. Die funktionsentmischte Stadt, in denen Wohnen, Arbeiten und Freizeit voneinander getrennt an unterschiedlichen Orten stattfindet, hat die Automobilität in die Städte geschrieben. Die Zunahme an Ein- und Zweipersonenhaushalten lässt Einsamkeit für immer mehr Menschen zu einem alltäglichen Problem werden.

Die funktionsentmischte Stadt, in denen Wohnen, Arbeiten und Freizeit voneinander getrennt an unterschiedlichen Orten stattfindet, hat die Automobilität in die Städte geschrieben.

Suffizienzorientierung beim Wohnen bedeutet Lösungen für die skizzierten Herausforderungen zu finden, ohne dafür weitere Flächen in Anspruch zu nehmen. Das schließt die weit verbreitete Praxis, Wohnraummangel mit der Ausweisung reiner Wohngebiete für besonders flächenintensive Wohnformen auf der grünen Wiese zu begegnen, aus. Gefordert sind Alter-

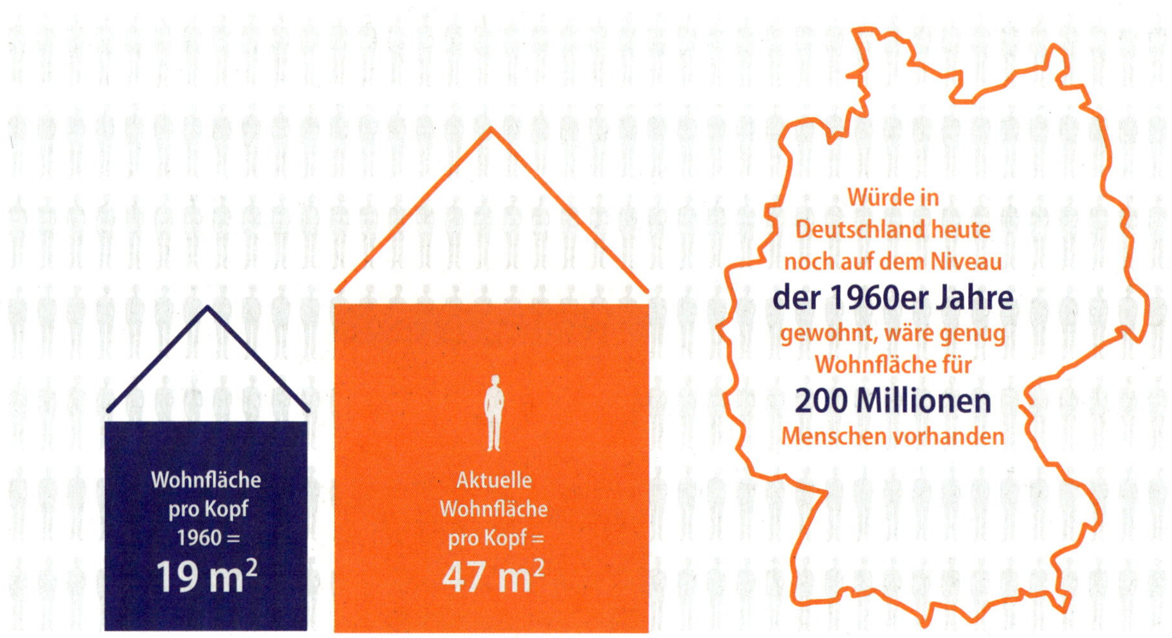

nativen auf der Ebene einzelner Wohneinheiten und für die (Weiter-)Entwicklung ganzer Quartiere. Auf der Ebene der Wohneinheiten bieten sich gemeinschaftliche Wohnformen an. Welche Vorteile die kommunale Förderung gemeinschaftlichen Wohnens hat, ist ein Thema dieses Kapitels. Auch mit einer besseren, das heißt zum Beispiel den verschiedenen Lebensphasen angepassten Nutzung vorhandener Räume, mit flexiblen Grundrissen oder mit Strukturen und Organisationshilfen, die den Tausch von Wohneinheiten erleichtern und fördern, können Flächen eingespart werden – Ideen und auch praktische Beispiele dafür gibt viele.[45] Jedoch ist die systematische Förderung solcher Maßnahmen zur Reduktion der Flächeninanspruchnahme auf kommunaler Ebene noch wenig verbreitet.

Alternative Konzepte im Bereich der Quartiersentwicklung, die ebenfalls zu einer deutlichen Reduktion der Wohnfläche pro Kopf beitragen können, sind ebenfalls Gegenstand dieses Abschnitts. Zu nennen wären nutzungsgemischte Quartiere, in denen Wohnen auf kompakter Fläche mit gemeinschaftlich genutzten Räumen und Freiflächen möglich ist. Quartiere also, in denen das Weniger an individueller Wohnfläche durch ein Mehr an gemeinschaftlichem Wohlstand, in Form von öffentlichen Erholungsflächen, kurzen Wegen und alltagstauglicher, nachhaltiger Mobilitätsinfrastruktur wettgemacht werden kann.

© WEG-Marktstr. 7-9

Die gemeinsame Nutzung ermöglicht für die Einzelnen eine größere Vielfalt der Angebote und in der Gesamtheit häufig einen geringeren Ressourcenverbrauch, ohne auf eine Privatsphäre ganz verzichten zu müssen.

Genossenschaften, Cluster-Wohnen, Wohngemeinschaften und Co – Potentiale gemeinschaftlichen Wohnens

In Deutschland leben über 65-Jährige durchschnittlich auf 60 Quadratmetern pro Kopf. Die Kinder sind ausgezogen, das Haus oder die Wohnung eigentlich zu groß, der Garten ist schön, aber zu pflegeintensiv, wie überhaupt der Unterhalt einer so großen Fläche. Die Wohnung oder das Haus zu verlassen und an einen anderen Ort zu ziehen, ist jedoch ökonomisch und/oder sozial unattraktiv oder bedarf großer Umstellungen. Junge Familien mit Kindern hingegen haben, insbesondere in wachsenden Kommunen, oftmals Schwierigkeiten passenden und vor allem bezahlbaren Wohnraum zu finden. Im Laufe eines Lebens wandeln sich die Wohnraumbedarfe meist deutlich. Bisher werden die Konjunkturen des Flächenbedarfs im Lebensverlauf und deren soziale, ökonomische und ökologische Folgen indes selten öffentlich diskutiert.

Ansätze gemeinschaftlichen Wohnens versuchen, die Inanspruchnahme von Flächen zu reduzieren und Lösungen für den Umgang mit dem Druck auf den Wohnungsmarkt anzubieten. Gemeinschaftliche Wohnprojekte – insbesondere generationsübergreifende – können es Älteren erleichtern, eine große Wohnung gegen eine kleinere, dem Bedarf angemessene zu tauschen und Familien den zeitweise größeren Raumbedarf zu erfüllen. Denn der Wohnort, also das Wohnprojekt, bleibt das gleiche, der Tausch oder die Umnutzung ist aufgrund sozialer Beziehungen einfacher und finanziell ergeben sich weniger Nachteile, da man nicht auf dem freien Wohnungsmarkt eine neue Miet- oder Eigentumswohnung finden muss.

Gemeinschaftliche Wohnformen begünstigen darüber hinaus auch das Teilen und gemeinsame Nutzen von Gebrauchsgütern. Bei geteilten Küchen oder Waschkellern braucht es weniger Herde, Kühlschränke oder Waschmaschinen. In größeren Wohnprojekten wie beispielsweise der Kalkbreite in Zürich gibt es gemeinschaftlich genutzte Wohn- und Wirtschaftsräume, Spielplätze, Gästewohnungen, Garten- und Terrassenanlagen, Werkstätten

GEMEINSCHAFTLICHES WOHNEN

Gemeinschaftliches Wohnen beschreibt im allgemeinen Wohnformen, in denen einige Flächen und Räume gemeinschaftlich von den Bewohner*innen genutzt, gestaltet und gepflegt werden. Eine Studie im Auftrag der Stadt Wien unterscheidet vier verschiedene Typologien des gemeinschaftlichen Wohnens, welche in der Abbildung unten rechts dargestellt sind.[46] In der Wohngemeinschaft werden viele funktionale Räume wie Küche oder Bad gemeinschaftlich genutzt und meist gibt es nur einen privaten Raum pro Bewohner*in. In Wohngruppen (Cluster-Wohnen) befinden sich häufig kleine Bäder oder Kochnischen in den privaten Räumlichkeiten und die einzelnen Wohnungen verfügen über eigene Zugänge und Anschriften. Zusätzlich gibt es gemeinschaftliche Räume wie eine größere Gemeinschaftsküche und gemeinsame Wohnräume. Hausgemeinschaften setzen sich aus einzelnen, abgeschlossenen Wohneinheiten zusammen. In den Gebäuden gibt es zusätzliche Gemeinschaftsflächen wie einen gemeinsamen Garten oder einen Waschkeller. Integrierte Nachbarschaften stellen die räumlich größte Ausgestaltungsform gemeinschaftlichen Wohnens dar und bieten am meisten private Flächen. Hier leben einzelne Haushalte, beispielsweise Familien, Wohngemeinschaften oder Wohngruppen, in vollständig abgeschlossenen Wohnungen oder Gebäuden. Nur das Außengelände, (halb-)öffentliche Räume oder einzelne Gegenstände, wie beispielsweise Fahrzeuge, werden gemeinsam genutzt.

Das Spektrum der ökonomischen und rechtlichen Organisationsformen von gemeinschaftlichen Wohnprojekten reicht von gemeinsamen Ökonomien, bei denen ehemals private Einkünfte, Vermögen und Ausgaben vollständig in der Gemeinschaft aufgehen, bis hin zu Gemeinschaften, bei denen sich die einzelnen Wohnungen und die Gemeinschaftsräume anteilig in Privatbesitz befinden. Mögliche Organisationsformen sind Wohnprojekte zur Miete, Wohnungseigentümergemeinschaften (WEG), Vereine, Gesellschaften bürgerlichen Rechts (GbR), neu gegründete Kleinstgenossenschaften, GmbHs (wie beispielsweise beim Mietshäuser-Syndikatsmodell) oder die Trägerschaft durch eine Genossenschaft oder ein städtisches Wohnungsunternehmen.[47] Im letzten Fall sind die Wohnprojekte meist als Verein organisiert und schließen einen Generalmietvertrag oder eine Kooperationsvereinbarung mit den Wohnungseigentümer*innen ab. Mit der Wahl der Rechtsform gehen unterschiedliche Modalitäten in Bezug auf Mitspracherechte, Austrittsregelungen und die finanziellen Verpflichtungen einher.

oder Saunen. Die gemeinsame Nutzung ermöglicht für die Einzelnen eine größere Vielfalt der Angebote und in der Gesamtheit häufig einen geringeren Ressourcenverbrauch, ohne auf eine Privatsphäre ganz verzichten zu müssen. Durch den Gemeinschaftsfokus wirken Wohnprojekte häufig nicht nur nach innen, sondern auch in die sie umgebenden Stadtquartiere. Einige Wohnprojekte öffnen Teile ihrer Räumlichkeiten auch für andere Menschen aus der Nachbarschaft, was eine lebendige Zivilgesellschaft stärkt und resiliente Quartiere entstehen lässt.

Die Wohnfläche pro Kopf kann sich aufgrund der größeren gemeinsam genutzten Flächen reduzieren. Dies ist jedoch nicht zwangsläufig der Fall, sondern bedarf entsprechender Planungen. Eine Studie zu den Potenzialen gemeinschaftlichen Wohnens in Bezug auf demographische und soziale Herausforderungen[48] zeigte bei der Betrachtung von zehn Wohnprojekten die große Varianz der Wohnfläche pro Kopf in unterschiedlichen Projekten auf. In den meisten untersuchten Projekten liegt der Wert unter dem regionalen Mittelwert für Mehrfamilienhäuser, schwankt aber zwischen 26 Quadratmetern und 46 Quadratmetern pro Kopf. Auch beim Wärme- und Wasserverbrauch liegen die Wohnprojekte meist deutlich unter dem Bundesdurchschnitt und dem regionalen Referenzwert. Zusammengenommen verweist die starke Varianz bei der Flächeninanspruchnahme auf große Gestaltungsspielräume.

Quartiersentwicklung mit Konzeptvergaben

Eine Möglichkeit für Kommunen, die Entstehung und Gestaltung von gemeinschaftlichen Wohnformen zu fördern, liegt in der Konzeptvergabe. Kommunen haben bei der Vergabe von Grundstücken grundsätzlich drei verschiedene Möglichkeiten darauf Einfluss zu nehmen, wem der Zuschlag erteilt wird, sei es zum Verkauf oder als Erbbaurecht. Am weitesten verbreitet ist das Bieterverfahren mit der Vergabe nach maximalem Gebot (Höchstpreisverfahren). Bei der Direktvergabe erfolgt der Verkauf zum Verkehrswert.[49] In den vergangenen Jahren hat sich als dritte Variante in verschiedenen Städten das Konzeptverfahren mit einer

Vergabe nach qualitativen Aspekten der Bebauung verbreitet. Die Kommune kann hier im Vorfeld des Verfahrens Kriterien definieren, die die eingereichten Konzepte für Bauvorhaben erfüllen müssen. Zu unterscheiden sind bei den Konzeptverfahren solche nach Festpreis und nach Bestgebot. Im Festpreisverfahren setzt die Kommune schon zu Beginn den Preis fest, zu dem sie das Grundstück vergeben wird. Die Vergabe erfolgt nur nach Qualität des eingereichten Konzepts. Im Verfahren mit Bestgebot wird nur ein Mindestpreis festgelegt. In die Beurteilung der Konzepte fließt bei der Vergabe nicht nur die Qualität, sondern auch ein ggf. höheres Preisangebot mit ein (häufig 70 Prozent Konzept und 30 Prozent Preis).[50]

Die Kommune kann hier im Vorfeld des Verfahrens Kriterien definieren, die die eingereichten Konzepte für Bauvorhaben erfüllen müssen.

Häufig wird die Konzeptvergabe genutzt, um bezahlbaren, zielgruppengerechten oder auch besonders nachhaltigen Wohnungsbau zu fördern. In der Diskussion um bezahlbaren Wohnraum etwa fungiert die Konzeptvergabe als Lösungsstrategie, da mit dem Festpreis geringere Miethöhen möglich werden. Grundsätzlich kann die Stadt über das Verfahren direkten Einfluss darauf nehmen, was auf den vergebenen Flächen geschieht. In vielen Fällen wird dabei über die einzelne Bebauung hinaus auch die Wirkung auf das Quartier mitgedacht. Von einigen Städten, wie beispielsweise Tübingen, München, Hamburg oder Berlin wird das Verfahren explizit dazu genutzt gemeinschaftliche Wohnprojekte zu fördern.[51]

Zur Anwendung kommen Konzeptverfahren seit den 1990er Jahren zunächst in Tübingen und Hamburg. Seither haben sich die Vergabeverfahren weiterentwickelt und kommen in immer mehr Städten zur Anwendung. Dabei variieren Verfahren als auch Kriterien sehr stark je nach Stadt. In München sind beispielsweise der energetische Standard, ein sparsamer Umgang mit Wohnflächen, ökologische Bauweise, Beitrag zur Quartiersvernetzung und Mobilitätsbausteine relevant. In Tübingen sind soziale Aspekte, eine Vielfalt von Wohnkonzepten, bauliche Aspekte wie das Energiekonzept oder auch die Berücksichtigung von Berufstätigen, die derzeit nach Tübingen pendeln, die ausschlaggebenden Kriterien. Unabhängig von der konkreten Ausgestaltung der Kriterien ermöglicht eine Vergabe nach Konzept eine aktivere Mitgestaltung der Quartiere durch die Stadt. Politik und Verwaltung können festlegen, wer die Stadt wie bauen soll, und geben diese Gestaltungsmacht nicht an die finanzstärksten Akteur*innen ab. Dadurch lassen sich auch soziale Folgekosten minimieren, sodass eine Vergabe zum Festpreis langfristig auch die ökonomisch günstigere Variante für die Stadt darstellen kann.

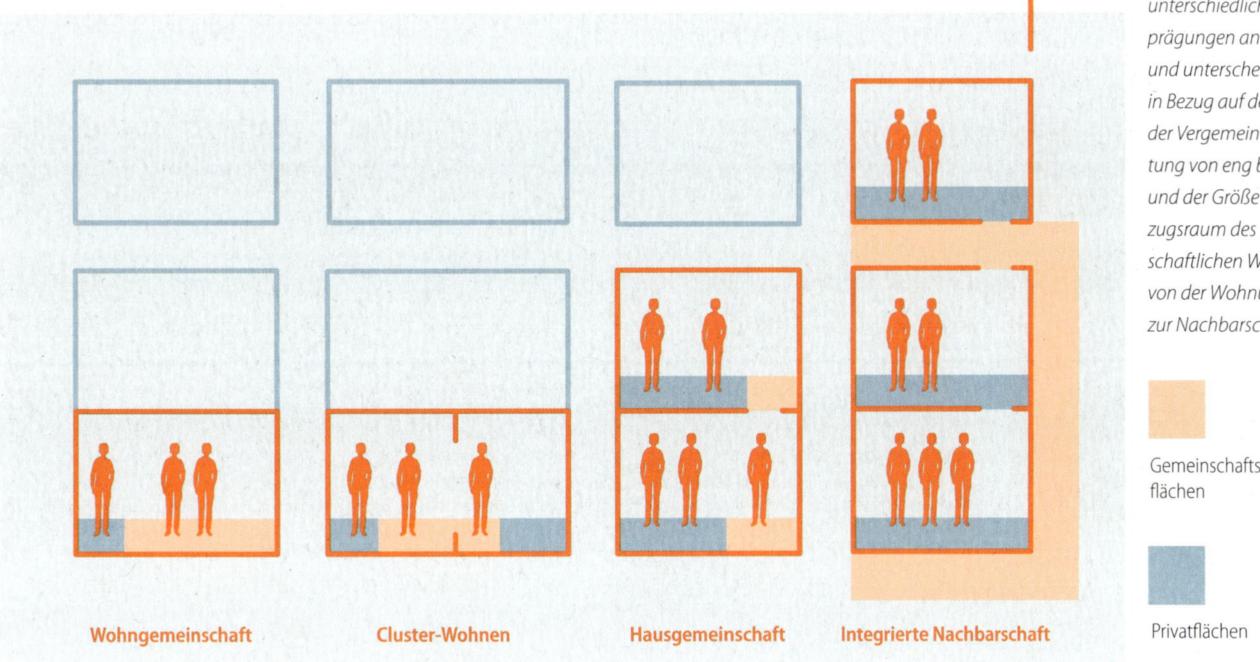

Gemeinschaftliches Wohnen kann viele unterschiedliche Ausprägungen annehmen und unterscheidet sich in Bezug auf den Grad der Vergemeinschaftung von eng bis lose und der Größe des Bezugsraum des gemeinschaftlichen Wohnens von der Wohnung bis zur Nachbarschaft.[52]

Tübingen – Vorreiterin in Punkto Konzeptvergabe

Schon seit Ende der 1990er Jahre werden im rund 90.000 Einwohner*innen starken Tübingen unter Ratsmehrheit der Grünen zunächst vereinzelt, dann systematisch und in großem Umfang Grundstücke und Baurechte anhand des besten Konzepts vergeben. Was vor rund zwanzig Jahren in einem Trial-and-Error-Verfahren begann, hat sich heute in ein erprobtes und in anderen Städten adaptiertes Verfahren weiterentwickelt. Zwischen 1996 und 2016 wurde auf diese Art in über 300 einzelnen Bauprojekten Wohnraum für 5.900 Menschen und 1.700 Arbeitsplätze geschaffen.[53]

Zwischen 1996 und 2016 wurde auf diese Art in über 300 einzelnen Bauprojekten Wohnraum für 5.900 Menschen und 1.700 Arbeitsplätze geschaffen.

Die Grundzüge des Verfahrens sind seit Beginn die gleichen: Flächen werden anhand von wenigen qualitativen Kriterien zum Festpreis vergeben und die einzelnen Parzellengrößen sind bis zum finalen Zuschlag frei verhandelbar. Durch die Grundstücksvergabe anhand des besten Konzepts anstelle des höchsten Preises kann die Stadt Tübingen die Stadtentwicklung aktiv mitgestalten. Dementsprechend spielt bei der Auswahl der Projekte deren Wirkung auf das Quartier und die gesamte Stadt eine entscheidende Rolle. Dafür gibt es eine Reihe von Kriterien, die aber im Wesentlichen die soziale Mischung, das gewerbliche Konzept und einen Bonus für private Baugemeinschaften im Vergleich zu Projekten von Bauträgern umfassen. Die architektonische Gestaltung spielt keine Rolle für die Auswahl. In der Regel werden Baugruppen, sogenannte Wohnungseigentümergemeinschaften (WEG), ausgewählt. Aber auch Bauträger, Genossenschaften oder andere Rechtsformen können einen Zuschlag erhalten.

Das Forum für Gemeinschaftliches Wohnen e.V. unterteilt in einer Handreichung zu dem Thema das Tübinger Konzeptverfahren in **elf Schritte**.[54] Zu Beginn **[1]** steht die Flächenanalyse, die eine Machbarkeitsstudie und Vorbereitungen für den Erwerb der Flächen umfasst. Wenn die Fläche ein gutes Entwicklungspotential aufweist, beginnt der Erwerb **[2]** der einzelnen Flächen und die Altlastensanierung und der Abbruch von nicht mehr nutzbaren Gebäuden durch die Kommune. Gleichzeitig startet ein Bürgerdialog über die Entwicklungsziele der Fläche. Anschließend wird unter Einbezug einer umfassenden Öffentlichkeitsbeteiligung ein städtebaulicher Wettbewerb ausgelobt **[3]** und durchgeführt. Ein Fokus in diesem Wettbewerb liegt auf der Eignung der Flächen für private Baugemeinschaften und der flexiblen Parzellierung. Die finalen Parzellengrößen werden erst später, bei der finalen Auswahl der Baugemeinschaften, festgelegt. Anschließend **[4]** wird ein planungsrechtliches Verfahren mit formeller und informeller Öffentlichkeitsbeteiligung durchgeführt. In diesem Schritt werden auch die Grundstückspreise festgelegt. Dazu trifft eine knapp zehnköpfige Gruppe aus Architekt*innen, Bauträger*innen, Verwaltungsmitarbeitenden und Bewohner*innen früherer Quartiere zusammen und verhandelt über die Differenzierung der Grundstückspreise. Ausgehend von einem gleichen Quadratmeterpreis für die gesamte Fläche werden mithilfe von verschiedenen Filtern, wie Lage oder be-

In Tübingen gibt es in der Konzeptvergabe keine Matrix, nach der Punkte vergeben werden, auch der Preis spielt keine Rolle. Stattdessen wird die Anordnung der Projekte durch eine Optionskommission zusammengepuzzelt.

sondere Verpflichtungen (z.B. Gewerbeansiedlung), die Preise für einzelne Teile der Fläche gesenkt und für andere erhöht. Der Erlös der gesamten Fläche für die Stadt bleibt dabei konstant. So können die Quadratmeterpreise inklusive Erschließungskosten zwischen unter 200 Euro bis über 800 Euro schwanken.

An einem Tag wird in einer nicht-öffentlichen Sitzung über alle Bewerbungen intensiv diskutiert und anschließend in Form eines „Superpuzzles" die Auswahl getroffen. In diesem Zuge werden auch die letztendlichen Parzellengrößen festgelegt.

Nach diesen vorbereitenden Schritten durch die Stadt beginnt die eigentliche Vermarktung der Grundstücke. Dazu wird eine große Öffentlichkeitsveranstaltung organisiert [5], an der nicht selten mehrere hundert Personen teilnehmen. Hier werden alle Rahmendaten und bisherigen Planungen des Projekts vorgestellt. Im Anschluss können alle Interessierten – egal, ob fertige Baugruppen oder Einzelpersonen – ihr Interesse mit Hilfe eines sehr niederschwelligen, kurzen Fragebogens bekunden und skizzieren [6]. Hier beschreiben die Bewerber*innen erste Konzeptideen und geben Standortprioritäten sowie grobe Minimal- und Maximalflächen an. Für Interessierte, die noch auf der Suche nach weiteren Mitstreiter*innen sind, richtet die Stadt Tübingen eine „Börse" ein, sowohl Online als auch auf Veranstaltungen. Nachdem alle Fragebögen eingegangen sind, führt die Stadtverwaltung mit *allen* Interessierten Gespräche [7], um die Projekte kennenzulernen und bei Bedarf zu beraten. In diesem Gespräch wird von Seiten der Stadt ein einseitiger Steckbrief des jeweiligen Projekts verfasst, in dem die wesentlichen Charakteristika festgehalten werden: Handelt es sich um einen Bauträger oder um eine Baugemeinschaft? Ist die Gruppe bereits vollständig? Wie wird die Realisierbarkeit eingeschätzt? Oder welchen Beitrag leistet das Projekt zur sozialen und funktionalen Mischung?

Für die Auswahl der Projekte [8] trifft eine circa fünfzehnköpfige Kommission, bestehend aus etwa sieben Vertreter*innen der Gemeinderatsfraktionen, circa vier Mitarbeitenden der Verwaltung und zwei bis drei Personen aus dem Stadtteil, zusammen. An einem Tag wird in einer nicht-öffentlichen Sitzung über alle Bewerbungen intensiv diskutiert und anschließend in Form eines „Superpuzzles" die Auswahl getroffen. In diesem Zuge werden auch die letztendlichen Parzellengrößen festgelegt. Projekte mit einer hohen Flexibilität in Bezug auf Größe und Standort haben dementsprechend meist höhere Chancen für einen Zuschlag. Die Kriterien für die Auswahl werden vor Beginn des gesamten Konzeptverfahrens vom Gemeinderat beschlossen und sind anders als beispielsweise in München nicht von vornherein in Form einer Punktematrix oder ähnlichem gewichtet. Dadurch soll einerseits der Gestaltungsspielraum für die Kommune möglichst groß gehalten werden, denn welche Projektkombination für die Entwicklung eines Quartiers die beste wäre, ergibt sich häufig erst in der Gesamtschau aller Projekte. Andererseits soll dadurch aber auch eine höhere Kreativität bei den Bewerbungen ermöglicht werden. Die Auswahl erfolgt allein auf Basis der Konzeptentwürfe, ein Entwurf für den Hochbau gibt es zu diesem Zeitpunkt noch nicht, da die genauen Grundstücke für die einzelnen Projekte noch nicht feststehen. Meist liegen drei bis vier Mal so viele Bewerbungen vor, wie Fläche zur Verfügung steht, wodurch die Auswahl und die Parzellierung sehr komplex ist. Abschließend entscheidet der Gemeinderat auch über die getroffene Auswahl der Projekte.

Anstelle einer für Verwaltungsprozesse sonst oft typischen Linienstruktur gibt es bei der Stadt Tübingen eine Abteilung, die die gesamte Prozessgestaltung der Konzeptvergabe verantwortet und bei der alle Fäden zusammenlaufen.

Nach der Auswahl durch die Kommission erhalten die Projekte in einem ersten Schritt sechs Monate Zeit [9], um ihre Baugruppe zu vervollständigen, falls dies noch nicht geschehen ist, den Hochbauentwurf zu erstellen und ein Baugesuch einzureichen sowie die Finanzierung zu sichern. Wenn sich das Konzept nach den sechs Monaten nicht grundlegend verändert hat und die Realisierung nicht ernsthaft in Zweifel gezogen wird, kann dieser Optionszeitraum turnusmäßig um drei Monate verlängert werden. In diesem Schritt werden auch die durch mehrere Projekte gemeinsam zu gestaltenden Vorhaben, wie eine gemeinsame Tiefgarage oder gemeinsame Innenhöfe, ausgehandelt. Üblicherweise werden die Grundstücke kurz vor der Erteilung der Baugenehmigung verkauft. Das heißt, die Zusage ergeht an alle ausgewählten Bewerber*innen gleichzeitig, vorzeitige Zusagen für bestimmte Flächen sind ausgeschlossen [10]. Vom Tag des Zuschlags bis zum Verkauf der Grundstücke vergehen in der Regel acht bis zwölf Monate. Da nun die meisten späteren Bewohner*innen des gesamten Gebiets feststehen, wird auf Grundlage des Grobkonzepts des städtebaulichen Wettbewerbs und des Bebauungsplanverfahrens die Planung für den öffentlichen Raum in partizipativen Verfahren abgeschlossen. Gegen Ende der Hochbauphase wird der öffentliche Raum [11], insbesondere die Oberflächen und die Grünraumgestaltung, endgültig hergestellt. Das gesamte Verfahren, von erster Analyse bis zur Fertigstellung und zum Bezug, dauert circa fünf bis sechs Jahre.

Das Bauen mit Baugruppen und die Vergabe nach Konzepten ermöglicht und erfordert eine kleinteilige Parzellierung, die eine gute Voraussetzung für ein lebendiges und urbanes Quartier darstellt.

Rechtsgrundlage für die Durchführung von Konzeptvergaben liefert in Tübingen meist ein städtebaulicher Entwicklungsbereich nach §165ff BauGB. Anstelle einer für Verwaltungsprozesse sonst oft typischen Linienstruktur gibt es bei der Stadt Tübingen eine Abteilung, die die gesamte Prozessgestaltung der Konzeptvergabe verantwortet und bei der alle Fäden zusammenlaufen.

*Sogenannte Ankernutzer*innen übernehmen für ihren Block, der in der Regel aus fünf bis acht unterschiedlichen Bauprojekten besteht, drei koordinierende Aufgaben: Die Koordinierung des Bauprozesses, des Baus einer Tiefgarage sowie der Gestaltung des gemeinsamen Innenhofs für den gesamten Block.*

Daneben hat die Stadt auch eine eigene privatrechtliche GmbH, die Wirtschaftsfördergesellschaft Tübingen (WIT), die Flächen – meist Gewerbebrachen – aufkauft. Satzungsgemäßer Zweck der Gesellschaft ist nicht die Gewinnmaximierung, sondern die Strukturförderung. Der Aufsichtsrat dieser Gesellschaft, der überwiegend aus Stadträt*innen besteht, entscheidet über das Verfahren, die Verkaufspreise und die Auswahlkritierien. Größere wirtschaftliche Entscheidungen werden zusätzlich durch den Gemeinderat entschieden. Grundlegend funktioniert die WIT wie ein revolvierender Fond, da die Gewinne aus alten Projekten in den Erwerb von neuen Flächen investiert werden.

Das Bauen mit Baugruppen und die Vergabe nach Konzepten ermöglichen eine breite Vielfalt der Nutzungen sowie die Integration kleinerer Gewerbe. Es ermöglicht und erfordert eine kleinteilige Parzellierung, die eine gute Voraussetzung für ein lebendiges und urbanes Quartier darstellt. Darüber hinaus steigern Baugemeinschaften in der Regel die Identifikation mit dem eigenen Quartier und bieten eine gute Grundlage für weiteres gemeinschaftliches Handeln. Nach Einschätzungen des Forums für Gemeinschaftliches Wohnen hält sich der erhöhte Verwaltungsaufwand für das Konzeptvergabeverfahren in Grenzen, einzig die kleinteilige Parzellierung führt zu einem großen Mehraufwand im Vergleich zu größeren Bauträgerprojekten.

In Tübingen gibt es die Erfahrung, dass Baugruppen Projekte im Schnitt rund 15 Prozent günstiger realisieren als Bauträger.[55] Grund dafür sind vor allem eine höhere Passgenauigkeit der Wohnungen zu den Bedürfnissen der

© Greyson Joralemon, unsplash

Bewohner*innen, wodurch unnötiger, nicht genutzter Platz vermieden werden kann, die Möglichkeit zur Eigenleistung und wegfallende Provisionen und Gewinnmargen. Aber auch bei Baugruppen- oder Genossenschaftsprojekten handelt es sich nicht zwangsläufig um bezahlbaren Wohnraum. Insbesondere hohe ex ante definierte Anforderungen an das Konzept hemmen die Kreativität der Projekte und tragen zu einer erhöhten Komplexität des Verfahrens und einem steigenden Preis bei.[56]

Aufgrund zahlreicher Vorteile ist das Baugruppenmodell in Tübingen sehr erfolgreich. So erfolgreich, dass sich immer weniger Menschen in den etablierten Vierteln eine Wohnung leisten können. Da die Quartiere sehr attraktiv sind und der Wohnungsmarkt, wie in vielen Universitätsstädten, angespannt ist, steigen die Preise, wenn einzelne Wohnungen oder Gebäude weiterverkauft werden und die soziale Exklusivität dieser Viertel steigt. Da die Stadt die Grundstücke bisher in den meisten Konzeptvergaben an die privaten Baugemeinschaften verkauft hat, hat sie im Anschluss wenig Handlungsspielraum in Bezug auf die Nutzung der Flächen. Darauf hat die Stadt Tübingen reagiert und unter anderem das Programm „Fairer wohnen" verabschiedet, in welchem engere soziale Vorgaben für den Neubau aber auch Förderprogramme für die Schaffung von sozialem Wohnraum im Bestand enthalten sind. Außerdem gilt seit 2016 eine Zweckentfremdungsverbotssatzung, die grundlosen Leerstand von Wohnraum unter Strafe stellt. Darüber hinaus sollen bei gegenwärtigen Konzeptvergaben neben Baugemeinschaften verstärkt gemeinschaftliche Wohnprojekte und Genossenschaften zum Zuge kommen.

KONZEPTVERGABEN IN DER TEUERSTEN STADT DEUTSCHLANDS

In München besteht das Auswahlverfahren der Konzeptvergaben aus zwei Stufen. In der ersten werden die Grundvoraussetzungen für die Teilnahme am Vergabeverfahren geprüft. Bei einem Findungsgespräch werden mögliche Kooperationen und Zusammenschlüsse mit anderen Baugemeinschaften oder Genossenschaften diskutiert, ebenso wie mögliche Bewerbungen auf alternative Grundstücke. In der darauf folgenden zweiten Stufe erfolgt eine Konzeptausschreibung, welche die erforderlichen Auswahlkriterien in einer Punktematrix festlegt. Zu diesen müssen die Bewerber*innen konkrete Aussagen in einem Bewerbungsformular einreichen. Kriterien in der Bewertungsmatrix der Stadt München sind zum Beispiel wohnungspolitische Maßnahmen, wie ein sparsamer Wohnflächenverbrauch, also das Verhältnis zwischen Wohnungsgröße und der Zahl der darin lebenden Personen. Außerdem spielen ökologische Kriterien eine Rolle, zum Beispiel der Anteil nachwachsender Rohstoffe pro Quadratmeter Wohnfläche, die Regenwassernutzung, ebenso wie bauliche Maßnahmen für Gebäudebrüter (d. h. Vögel, die an Gebäuden brüten, da sie im Umland keine natürlichen Brutplätze finden). Als Drittes spielen planerische Kriterien wie ein Nah-Mobilitätskonzept und gemeinschaftsfördernde Maßnahmen wie die Einrichtung von Dachgärten oder Gemeinschaftsräumen eine Rolle. Als Letztes wird die Größe und Stabilität der sich bewerbenden Baugemeinschaft bewertet.[57]

Da alle Kriterien im Vorfeld in einer Matrix mit Punkten belegt werden müssen und die Anzahl der Kriterien von Mal zu Mal anwächst, ist der Kriterienkatalog mittlerweile sehr umfassend wodurch dieses Verfahren deutlich voraussetzungsvoller ist, als der Tübinger Ansatz. Außerdem haben es die Projekte schwerer, eigene Schwerpunkte zu setzen oder ihrer Kreativität freien Lauf zu lassen, da die Rahmenbedingungen recht eng sind. Ein weiteres Problem besteht darin, dass in der Vergangenheit oft mehrere Projekte die Höchstpunktzahl erreicht haben und dann ausgelost werden mussten. In diesem Zuge wurde auch diskutiert, ob ein eingeschränkter Preiswettbewerb eingeführt werden sollte. Dies würde jedoch das Problem nur verlagern und dazu führen, dass es faktisch wieder zu einer Höchstpreisvergabe, nur mit strengeren Vorgaben, käme.

Die Mietpreise für Immobilien in München sind deutschlandweit am höchsten. Ursächlich dafür sind vor allem die starken Steigerungen der Bodenpreise um mehrere 10.000 % seit den 1950er Jahren. Solange Boden und Wohnungen auf einem privatwirtschaftlichen Markt gehandelt werden, können Konzeptvergaben nur in begrenztem Maße für bezahlbare Mieten sorgen.

Suffizienz als handlungsleitendes Prinzip – Die 2000-Watt-Gesellschaft

Die „2000-Watt-Gesellschaft" ist eine energiepolitische Vision in der Schweiz, bei der die Nachhaltigkeitsstrategie der Suffizienz eine zentrale Rolle spielt. 2000 Watt Primärenergie Dauerleistung pro Person im Jahr 2050 sind ein Richtwert, welcher die energiepolitischen Anstrengungen messbar macht. Weitere Ziele sind 100 Prozent erneuerbare Energien und null energiebedingte Treibhausgasemissionen bis 2050 in der Schweiz. Per Volksabstimmung haben sich in der Schweiz die Städte Zürich, Luzern, Zug, Aarau, Dietikon, Nidau und Winterthur zur 2000-Watt-Gesellschaft bekannt. Zusätzlich haben 23 Kantone und mehr als 100 Städte und Gemeinden die Vision einer „2000-Watt-Gesellschaft" in ihren energiepolitischen Zielen verankert.[58]

Zürich – Suffizienz hat Priorität

Die Stadt Zürich war in den 2000er Jahren eine wichtige Pioniergemeinde. Ihr Volksentscheid 2008 war ein Meilenstein für die Bewegung der „2000-Watt-Gesellschaft". Zur Erreichung der Ziele der „2000-Watt-Gesellschaft" finden alle drei Nachhaltigkeitsstrategien der Suffizienz, Effizienz und Konsistenz Anwendung. Im „Masterplan Energie" ist die Suffizienz als oberste Priorität verankert. Suffizienz soll als handlungsleitendes Prinzip in bestehende Strategien, Leitbilder und Prozesse einfließen und stellt daher keine eigenständige Strategie dar. Zur Organisation ihrer Umsetzung gibt es Maßnahmenpläne in den 17 Dienstabteilungen der Stadt, die jährlich aktualisiert werden.[59]

Die Vermeidung von (motorisiertem) Verkehr ist der zentrale Ansatzpunkt für Suffizienz im Mobilitätsbereich.

Die Rolle der Politik beschreibt die Stadt selbst als die Herstellung von Suffizienz fördernden Rahmenbedingungen. Wirtschaftlichen Akteur*innen fällt die Aufgabe zu, Suffizienz fördernde Geschäftsmodelle zu verfolgen und Individuen sind darin gefordert, weniger zu konsumieren und Dinge länger zu nutzen.

Maßnahmen der Stadt

Die Vermeidung von (motorisiertem) Verkehr ist der zentrale Ansatzpunkt für Suffizienz im Mobilitätsbereich. Hierzu gilt es, das Angebot und die Attraktivität des öffentlichen Verkehrs, des Fahrrad- und Fußverkehrs zu verbessern und die Kapazitäten des motorisierten Verkehrs nicht zu erhöhen.[60] Seit 2012 läuft das Programm „Stadtverkehr 2025". Darin festgelegte Maßnahmen beziehen sich auf den Ausbau des Netzes und des Angebots von Trolleybus und Tram, höherer Tarife für Parkplätze in bestimmten Zonen und die Steuerung von Verkehrsmengen in der Stadt über Maßnahmen des Verkehrsmanagements. Der Ausbau des städtischen Fahrradnetzes wird durch den „Masterplan Velo" vorangetrieben. Die Stadt bietet außerdem Mobilitätsberatung zum Umstieg auf ÖPNV und Fuß- und Radverkehr an.[61] Die Stadtverwaltung selbst setzt auf *Carsharing* statt auf eigene Dienstfahrzeuge und hat außerdem ein eigenes Sharing Angebote für den Fahrrad und Pedelecverleih, „Publibike". Private Anbieter von Radsharingangeboten werden durch den anfänglichen Verzicht auf Konzessionsgebühren für die Nutzung im öffentlichen Raum unterstützt.[62] Darüber hinaus setzt sich die Stadt auf Landesebene für eine Umgestaltung fiskalischer Rahmenbedingungen im Sinne der Suffizienz ein.

Im Themenkomplex Siedlung, Wohnen und Arbeiten sind suffiziente Maßnahmen solche, die den Flächenkonsum für Wohnung, Arbeit und Infrastruktur verringern. Hierfür ist es notwendig, durchmischte und verdichtete Siedlungen zu schaffen. Allgemein ist Zürich bei neuen Großüberbauungen Vorbild: Vier der schweizweit sieben 2000-Watt-Areale finden sich hier. An der Green City in Zürich Manegg wurden die Standards für die 2000-Watt-Areale entwickelt.[63] Diese wurde 2012 das erste zertifizierte 2000-Watt-Areal der Schweiz. Die Stadt hat es sich zum Ziel gesetzt, attraktive und bezahlbare Wohnungen mit flächensparenden

Grundrissen, geringerer Fläche pro Zimmer beziehungsweise pro Person sowie neuen Arbeitsplatzformen zu schaffen.[64] In den eigenen Liegenschaften nimmt die Stadt daher direkten Einfluss auf den Flächenkonsum. Die Nutzungsstandards und Flächenvorgaben bei Arbeitsplätzen werden an veränderte Arbeitsmodelle wie Teilzeit- oder Home-Office-Arbeit und an die Digitalisierung angepasst. Um die Mehrfachnutzung von Flächen zu fördern, setzt die Verwaltung in Zürich Belegungsvorschriften für vergünstigte Wohnungen der Stadt durch. Hierbei entspricht die Mindestanzahl der Bewohner*innen der Zimmerzahl minus eins (z.B. mindestens zwei Personen in einer 3-Zimmer-Wohnung).[65] Auch der Energieverbrauch von Bewohner*innen muss zum Erreichen der Ziele der „2000-Watt-Gesellschaft" verringert werden. Für Hauseigentümerschaften wird daher ein Energie-Coaching angeboten, um den laufenden Betrieb ihrer Wohneinheiten nachhaltiger zu gestalten. Neu gebaute Areale mit einem Energieverbrauch von maximal 2000 Watt pro Bewohner*in werden von der Stadt gefördert (wie zum Beispiel das Hunziker Areal).

Suffizienz in Bezug auf Konsum bedeutet für die Stadt Zürich die Begrenzung des Konsums materieller Güter und ressourcenintensiver Dienstleistungen auf ein angemessenes Maß, mehr Qualität und Dienstleistungen sowie mehr Zeit und mehr Beziehungen statt mehr Güterkonsum. Generell gilt es den Bedarf an Gütern und Produkten zu überprüfen und umweltbewusst zu konsumieren. Hierzu kauft die Stadt Waren und Dienstleistungen nach nachhaltigen Kriterien. Durch die geteilte Nutzung zentraler Drucker und Kopierer in der Verwaltung müssen insgesamt weniger Geräte angeschafft werden. Es sollten auch neue Formen des Konsums und der Produktion entwickelt und gefördert werden. Dies sind zum Beispiel Tauschbörsen, *Sharing*-Plattformen oder Reparaturwerkstätten.

Um die Mehrfachnutzung von Flächen zu fördern, setzt die Verwaltung in Zürich Belegungsvorschriften für vergünstigte Wohnungen der Stadt durch. Hierbei entspricht die Mindestanzahl der Bewohner*innen der Zimmerzahl minus eins (z.B. mindestens zwei Personen in einer 3-Zimmer-Wohnung).

In Bezug auf Ernährung geht es um eine Verringerung des Konsums tierischer Produkte sowie um einen sparsameren und umsichtigeren Umgang mit Nahrungsmitteln. Hierzu hat die Stadt das Projekt „Menu Plus" in vier ihrer Personalcafeterias eingeführt. Dort werden Mahlzeiten angeboten, die das Klima durch regionale und biologische Produkte um 60 Prozent weniger belasten, als Standardmenus.

Der Sechseläutenplatz in Zürich – der zweitgrößte innerstädtische Platz der Schweiz – diente bis zu seiner Umgestaltung im Jahr 2012 als Parkplatz. Jetzt können Menschen hier entspannt verweilen und herumschlendern. Für die Umgestaltung wurde allerdings ein neues Parkhaus unterhalb des Platzes gebaut. Suffizienzpolitik weiter gedacht würde Autos nicht nur an den Rand öffentlicher Freiflächen drängen, sondern Städte insgesamt immer autofreier organisieren.

© vetschpartner Landschaftsarchitekten AG

© Manuel Bauer, vetschpartner Landschaftsarchitekten AG

Suffizienz als Strategie für die Entwicklung urbaner Quartiere – Reallabor in Flensburg

Die Entwicklung eines neuen Quartiers auf einer Konversionsfläche bietet einer Stadt die Chance, sich verantwortungsvoll den Herausforderungen der Zukunft zu stellen und Nachhaltigkeit für das Gebiet bewusst und umfassend, das heißt, von dem ersten Planungsschritt bis zu der Umsetzung, als handlungsleitende Strategie zu verfolgen. Modellcharakter bekommt dieser Prozess, wenn dabei nicht nur die in Politik, Stadtentwicklung und Gesellschaft weitestgehend akzeptierten Nachhaltigkeitsstrategien der Effizienz und Konsistenz zum Tragen kommen, sondern auch die Nachhaltigkeitsstrategie der Suffizienz. Dann geht es nicht nur um technische Lösungen zur Reduktion des Ressourcenverbrauchs. Der Fokus liegt vielmehr auf der Integration der drei Strategien mit dem Ziel der Schaffung von Infrastrukturen und anderer Rahmenbedingungen, die reduzierte, ressourcenschonende Lebensstile normal, alltagsfähig und bequem werden lassen, während ressourcenintensive Verhaltensweisen erschwert werden.

Soll Suffizienz Leitstrategie für ein neues Quartier werden, bedeutet dies nicht, dass das Gebiet nach grundlegend neuen städtebaulichen Ideen entwickelt werden muss. Vielmehr werden lediglich bekannte und vielfach angewandte Ansätze unter einem anderen Blickwinkel betrachtet und bewertet, nämlich nach ihrer Auswirkungen auf die Ressourcenintensität von Verhaltensweisen. Konsequent werden Ansätze zur Anwendung gebracht, die gute Rahmenbedingungen für ressourcenschonende Lebensstile bieten beziehungsweise ressourcenintensive Verhaltensweisen einschränken. Hierzu gehört, das Gebiet durch eine Vielfalt unterschiedlicher Nutzer*innen sukzessive und kleinteilig mit einer kompakten Bebauung in angemessener Dichte zu entwickeln. Flächenintensive Wohn- und Gewerbeformen werden vermieden und individuell genutzte Flächen für Wohnen, Arbeiten und Gewerbe zugunsten gemeinschaftlich genutzter Flächen und öffentlicher Räume reduziert. Im öffentlichen Raum wird eine Vielzahl attraktiver, offener Freiräume geschaffen, die viele Funktionen erfüllen, wie Begegnung, Erholung, Spiel und Sport, Anbau von Lebensmitteln, Begrünung, Förderung der Biodiversität, Verbesserung des lokalen Klimas und Abfederung von Extremwetterereignissen. Funktional gemischte Quartiere, in denen Wohnen, Arbeiten, regionale Versorgung, Bildung, Kultur und Freizeit ineinandergreifen, sind kleinteilig strukturiert, um die fußläufige Erreichbarkeit möglichst aller Bedarfe des täglichen Lebens zu gewährleisten. Die Bebauung ist so flexibel, dass sie sich an wandelnde Bedarfe der Bewohner*innen und Nutzer*innen anpassen kann. Die Mobilität zu Fuß und mit dem Fahrrad wird gegenüber dem motorisierten Individualverkehr bevorzugt und mit attraktiven ÖPNV- und Sharing-Angeboten verknüpft. Alle diese Ansätze sind mit einer Umverteilung der öffentlichen Räume verbunden und ausschließlich am Bedarf der Nutzer*innen orientiert. Letztlich bedeutet die Entwicklung eines neuen Quartiers unter dem Leitbild der Suffizienz nämlich auch, sämtliche Maßnahmen in Bezug auf ihren Nutzen für das Quartier oder die Stadt zu hinterfragen. Nicht Haben-Wollen steht im Vordergrund, sondern die Frage: Brauchen wir dies wirklich oder in diesem Umfang?

Durch diese Herangehensweise an eine städtebauliche Entwicklung kann nicht nur der Verbrauch von Fläche, Material und Energie gesenkt werden. Es entsteht auch eine höhere Lebensqualität für eine breitere Anzahl von Menschen, die mehr nutzbaren Raum zur Verfügung haben. Mehr Gemeinschaft, Begegnung und Kommunikation und damit lebendige soziale Gefüge werden ermöglicht.

Zukunft Hafen-Ost – Entwicklung eines nachhaltigen urbanen Quartiers

Die Entwicklung des Gebiets Hafen-Ost gehört zu den wichtigsten städtebaulichen Projekten der Stadt Flensburg. Das Gebiet umfasst ein knapp 53 Hektar großes innerstädtisches

Areal in direkter Lage an der Flensburger Innenförde, das auf einem großen Teil der Flächen durch einen sukzessiven Rückgang der Hafenwirtschaft, Brachen sowie leerstehende Silos und Lagergebäude geprägt ist. Seine Nähe zu der Flensburger Altstadt, die besondere Lage am Wasser, die vorhandenen Flächenpotenziale und der Zugriff der Stadt auf einen erheblichen Teil der Flächen bieten gute Voraussetzungen für die Entwicklung eines urbanen Quartiers. Mit dem Gebiet Hafen-Ost besteht für die Stadt die Möglichkeit, ein neues Quartier von Anfang an unter dem Leitbild der Nachhaltigkeit zu entwickeln und dabei einen besonderen Fokus auf die Nachhaltigkeitsstrategie der Suffizienz zu legen. Das Gebiet kann damit eine Vorbildwirkung für die städtebauliche Entwicklung der Stadt Flensburg insgesamt entfalten und auch Vorbild für andere Städte werden.

Die umfassende Entwicklung des Quartiers Hafen-Ost unter dem Leitbild der Nachhaltigkeit kann Modellcharakter für eine Stadtentwicklung entfalten, die sich verantwortungsvoll den Herausforderungen der Zukunft stellt.

Leitlinien als Grundlage für die Entwicklung des Quartiers

Der Bereich Hafen-Ost ist seit Anfang 2019 Sanierungsgebiet. Ein erstes Entwicklungskonzept sieht Wohnraum für bis zu 3.000 Menschen in einem urbanen Quartier mit einer lebendigen Mischung aus Wohnen, Gewerbe, Dienstleistungen, Wissenschaft, Kultur und Freizeit vor. Voraussetzung hierfür ist die Verlagerung des in dem Gebiet noch vorhandenen Hafenumschlags auf die gegenüberliegende Seite des Hafens, die in Politik und Öffentlichkeit kontrovers diskutiert wird. Für die Vergabe der städtischen Flächen hat die Ratsversammlung der Stadt Flensburg die Durchführung von Konzeptvergaben vorgeschrieben, mit festen Quoten für geförderten und bezahlbaren Wohnungsbau und unter Berücksichtigung weiterer gemeinwohlorientierter Kriterien. Anders als in Bocholt oder Ulm ist jedoch nicht vorgesehen, alle Flächen in kommunaler Hand zusammenzuführen, bevor Baurecht geschaffen wird. Der Grund hierfür liegt darin, dass ein wesentlicher Teil der nicht-kommunalen Flächen bereits jetzt durch einen Baustoffhandel genutzt wird und der Eigentümer bereit ist, den Betrieb zu verlagern und an dem Entwicklungsprozess für das Gebiet mitzuwirken. Zudem sind einzelne denkmalgeschützte Gebäude bereits vor Inkrafttreten der Sanierungssatzung für Investor*innen reserviert worden, die für diese Bauwerke bereits konkrete Nutzungskonzepte ausgearbeitet haben und umsetzen wollen.

Mit der Entscheidung für Konzeptvergaben war der erste Schritt zu der Entwicklung eines nachhaltigen Quartiers getan. Stadtverwaltung und Sanierungsträger (Flensburger Gesellschaft für Stadterneuerung mbH - FGS) wollten jedoch weiter gehen. Auf der Grundlage von Gesprächen mit dem Forschungsprojekt zu Entwicklungschancen und Hemmnissen einer suffizienzorientierten Stadtentwicklung sollte die Entwicklung des Gebiets Hafen-Ost insgesamt unter das Leitbild der Nachhaltigkeit gestellt und unter dem Motto „Weniger verbrauchen – besser leben" ein besonderer Fokus auf Suffizienz gelegt werden. Im Laufe des weiteren Prozesses kristallisierte sich heraus, dass zur Erreichung dieses Ziels Leitlinien erforderlich sind, die die Grundsätze einer nachhaltigen Entwicklung für den gesamten weiteren Planungs- und Umsetzungspro-

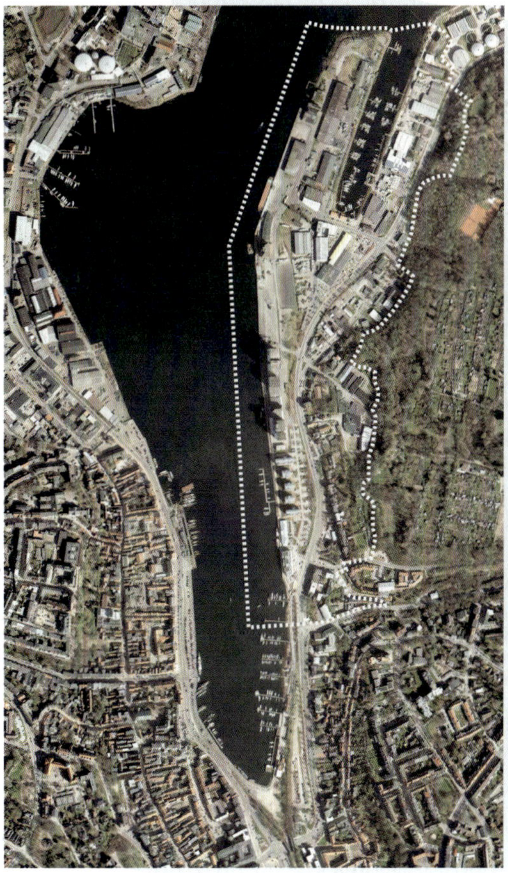

© GeoBasis-DE/LVermGeo SH

Das Gebiet Hafen-Ost ist aufgrund seiner Lage am Wasser und seiner Nähe zu der Innenstadt für die Entwicklung zu einem lebendigen urbanen Quartier prädestiniert. Wohnraum für bis zu 3000 Menschen soll hier entstehen.

Weniger verbrauchen – besser leben: Die Entwicklung von Leitlinien für das Quartier Hafen-Ost gewährleistet, dass das Leitbild der Nachhaltigkeit in allen Planungs- und Umsetzungsphasen einen einheitlichen Maßstab setzt.

zess enthalten. Dies beruhte auf der Überlegung, dass es eines festen, einheitlichen Maßstabes bedarf, an dem sich sowohl die Entwicklung des Rahmenplans, die Aufstellung der Bebauungspläne, die städtebaulichen und hochbaulichen Wettbewerbe und die Vergabe der Grundstücke zu orientieren haben, damit sich das Leitbild der Nachhaltigkeit im weiteren Prozessverlauf nicht nach und nach abschwächt oder ganz verloren geht.

Partizipation als Voraussetzung für städtebauliche Qualitäten und Identifikation

Zur Erarbeitung der ersten Entwicklungsziele hatte bereits vor der Festsetzung als Sanierungsgebiet eine umfassende Partizipation von Öffentlichkeit, Fachexpert*innen, lokalen Akteur*innen und politischen Vertreter*innen in dem Gebiet Hafen-Ost stattgefunden. Für die Entwicklung der Leitlinien wurde dieser Partizipationsprozess in dem Dialog „Zukunft Hafen-Ost" fortgesetzt. Die städtebauliche und nachhaltige Entwicklung des Gebiets wurde zum einen mit Fachexpert*innen diskutiert, zum anderen konnte die Öffentlichkeit in mehreren Veranstaltungen und unter einer Vielzahl unterschiedlicher Blickwinkel ihre Anregungen und Ideen zu einer nachhaltigen Entwicklung des Quartiers einbringen.

Die zahlreiche und engagierte Beteiligung an dem Dialog zeigte, dass die Öffentlichkeit die Entwicklung des Quartiers mit erheblichem Interesse verfolgt und begleitet. In dem Dialog gelang es auf der einen Seite, Offenheit und Zustimmung für das Thema Nachhaltigkeit beziehungsweise Suffizienz zu erzeugen. Andererseits wurde das eigentliche Thema, die Entwicklung eines nachhaltigen urbanen Quartiers, immer wieder durch die Diskussion um die Verlagerung des Hafenumschlags überlagert. Auch eine engagierte Mitwirkung der Politik in dem Dialog gelang nicht, da die Vertreter*innen der Flensburger Ratsversammlung nicht ausreichend in die einzelnen Beteiligungsmodule einbezogen wurden und keine kooperative Erarbeitung der Leitlinien gemeinsam mit der Politik erfolgte. Entsprechend bedurfte es eines zusätzlichen Gesprächsprozesses, bevor die Ratsversammlung die Leitlinien beschloss. Dabei wurde deutlich, dass die Politik mit der Hoffnung auf eine höhere Realisierungswahrscheinlichkeit insbesondere eine frühzeitige Berücksichtigung von Investor*inneninteressen wünschte. Entsprechend beschloss die Ratsversammlung zugleich mit den Leitlinien, dass Investor*innen von Anfang an in die nachfolgenden Planungsprozesse einzubeziehen sind.

Suffizienz strebt die Veränderung von Verhaltensweisen an. Sollen hierfür die städtebaulichen Rahmenbedingungen geschaffen werden, bedarf es eines kontinuierlichen und kooperativen Dialogs zwischen Verwaltung, Politik und Stadtgesellschaft.

Das Partizipationsverfahren machte deutlich, dass die Entwicklung von Leitlinien für eine komplexe städtebauliche Entwicklung in einem neu entstehenden Quartier nur im Wege einer kooperativen Mitwirkung von Betroffenen, lokalen Akteur*innen, Fachexpert*innen, der Öffentlichkeit und der Politik möglich ist. Nur so können ausreichend Ideen und fachliche sowie lokale Expertise gewonnen und eine Mitgestaltung des Gebietes durch die Betroffenen, die Einwohnerschaft und die Politik ermöglicht werden. Ferner können im Rahmen eines kontinuierlichen, kooperativen Dialogs ausreichend Überzeugungsarbeit für das Thema Nachhaltigkeit geleistet und mehrheitsfähige Kompromisse in der Politik ausgehandelt werden. Nur so entstehen städtebauliche Qualitäten, die zu der Stadt passen, und es kann nicht nur Akzeptanz, sondern auch Identifikation mit dem neuen Quartier und eine breite politische Rückendeckung erreicht werden.

Dies gilt in besonderer Weise, wenn ein Gebiet unter dem Fokus der Nachhaltigkeitsstrategie der Suffizienz entwickelt wird. Denn diese Strategie strebt die Veränderung von Verhaltensweisen und Lebensstilen von Menschen an. Sollen hierfür die städtebaulichen Rahmenbedingungen geschaffen werden, ist eine kooperative Mitwirkung der von der Planung Betroffenen, der Öffentlichkeit und der politischen Vertretung unerlässlich.

Kooperation statt Wettbewerb

Die Erfahrungen aus dem Dialog „Zukunft Hafen-Ost" wirkten sich auch auf die weiteren Planungsschritte für das neue Quartier aus. Der Rahmenplan sollte ursprünglich auf der Grundlage eines städtebaulichen Wettbewerbs entwickelt werden. Jetzt entschieden sich Verwaltung und Sanierungsträger jedoch, den Rah-

© Urban Catalyst GmbH

Der Dialog „Zukunft Hafen-Ost" stieß auf große Resonanz in der Bevölkerung. Etwa 500 Menschen brachten ihre Ideen und Anregungen für ein nachhaltiges Quartier ein.

menplan in einem zweistufigen kooperativen Verfahren zu entwickeln, um eine kontinuierliche und kooperative Partizipation von Fachexpert*innen, Betroffenen, lokalen Akteur*innen, Öffentlichkeit und Politik zu gewährleisten. Dabei soll eine Bürogemeinschaft aus Stadtplaner*innen, Freiraumplaner*innen und Verkehrsplaner*innen die planerischen Grundlagen im Dialog mit den Eigentümer*innen und Gewerbetreibenden vor Ort, mit potentiellen Investor*innen, mit der Wohnungswirtschaft und weiteren lokalen Akteur*innen, mit der Politik und der Öffentlichkeit und in enger Abstimmung mit der Verwaltung und dem Sanierungsträger erarbeiten. Hinter diesem Verfahrenswechsel steht die Überzeugung, dass städtebauliche Qualitäten, die zu der Stadt passen, sowie Akzeptanz und Identifikation am besten in einem sukzessiven Verfahren im Rahmen eines moderierten Dialogs entstehen. Idealerweise wird dies mit einem wettbewerblichen Verfahren kombiniert. In Bezug auf das Quartier Hafen-Ost standen einer solchen Kombination jedoch die Anforderungen des Landes an städtebauliche Wettbewerbe entgegen.

Die Überzeugung der Verwaltung wird nicht umfassend geteilt. Teile der städtischen Politik lehnen das kooperative Verfahren für den Rahmenplan mit dem Argument ab, dass nur in einer Wettbewerbssituation zwischen Planungsbüros ein großer Wurf, der sich von dem lokalen „Klein, Klein" emanzipiert, möglich ist.

Weniger verbrauchen – besser leben: Leitlinien für die Entwicklung des Gebiets Hafen-Ost

Die Leitlinien für die Entwicklung des Gebiets Hafen-Ost sind Grundlage nicht nur für die Entwicklung des Rahmenplans, sondern für alle weiteren Planungs- und Umsetzungsschritte in dem Quartier Hafen-Ost. Zentrale Aussagen der Leitlinien sind die Kleinteiligkeit und Lebendigkeit sowie Gemeinwohlorientierung des Quartiers und die Reduzierung des Ressourcenverbrauchs. Ein behutsamer Umgang mit Architektur und Stadtbild und die gemeinwohlorientierte Steuerung der Bodennutzung werden ebenso festgelegt wie eine sukzessive und kooperative Entwicklung. Individuelle Nutzungen werden zu Gunsten gemeinschaftlicher und öffentlicher Räume reduziert, die Bebauung muss Anforderungen an eine CO_2-Neutralität, an Baustoffe, Langlebigkeit und Flexibilität erfüllen. Die Entstehung einer kleinteiligen Mischung aus Nutzer*innen und Nutzungen und multifunktionale Freiräume erhalten ein besonderes Gewicht. Kfz-Verkehre werden weitest möglich aus dem Gebiet herausgehalten. Der Schwerpunkt

Städtebauliche Qualitäten, die zu der Stadt passen, sowie Akzeptanz und Identifikation entstehen am besten in einem sukzessiven Verfahren im Rahmen eines moderierten Dialogs zwischen Planer*innen, Fachexpert*innen, Betroffenen, lokalen Akteur*innen, Politik und Öffentlichkeit.

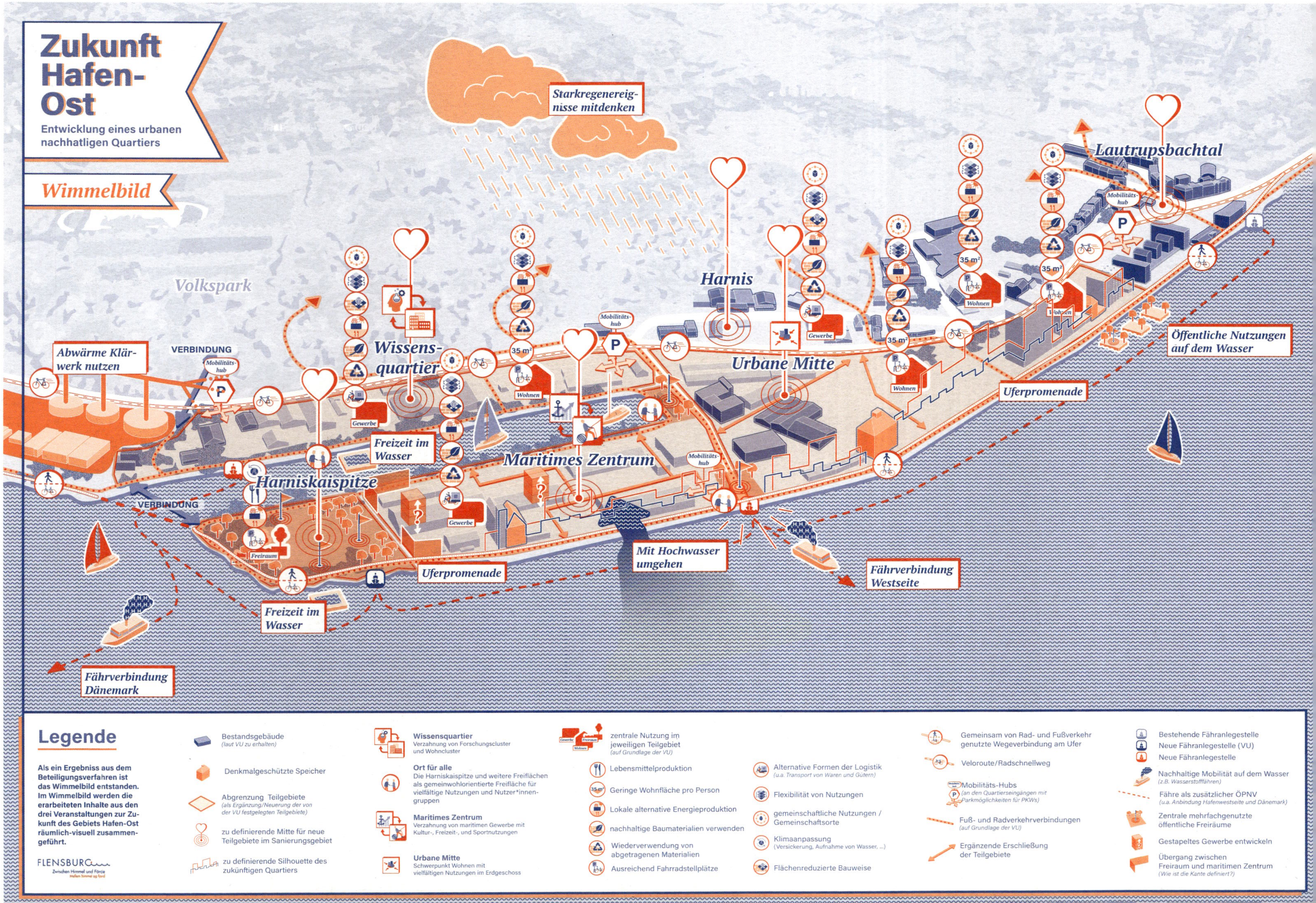
Zukunft Hafen-Ost
Entwicklung eines urbanen nachhatligen Quartiers
Wimmelbild
Starkregenereignisse mitdenken
Volkspark
Abwärme Klärwerk nutzen
VERBINDUNG
Mobilitäts-hub
Wissensquartier
Harnis
Urbane Mitte
Lautrupsbachtal
Öffentliche Nutzungen auf dem Wasser
Uferpromenade
Freizeit im Wasser
Maritimes Zentrum
Harniskaispitze
VERBINDUNG
Mit Hochwasser umgehen
Fährverbindung Westseite
Uferpromenade
Freizeit im Wasser
Fährverbindung Dänemark
Gewerbe
Wohnen
Freiraum
35 m²
Legende
Als ein Ergebniss aus dem Beteiligungsverfahren ist das Wimmelbild entstanden. Im Wimmelbild werden die erarbeiteten Inhalte aus den drei Veranstaltungen zur Zukunft des Gebiets Hafen-Ost räumlich-visuell zusammengeführt.
FLENSBURG
Bestandsgebäude (laut VU zu erhalten)
Denkmalgeschützte Speicher
Abgrenzung Teilgebiete (als Ergänzung/Neuerung der von der VU festgelegten Teilgebiete)
zu definierende Mitte für neue Teilgebiete im Sanierungsgebiet
zu definierende Silhouette des zukünftigen Quartiers
Wissensquartier
Verzahnung von Forschungscluster und Wohncluster
Ort für alle
Die Harniskaispitze und weitere Freiflächen als gemeinwohlorientierte Freifläche für vielfältige Nutzungen und Nutzer*innengruppen
Maritimes Zentrum
Verzahnung von maritimen Gewerbe mit Kultur-, Freizeit-, und Sportnutzungen
Urbane Mitte
Schwerpunkt Wohnen mit vielfältigen Nutzungen im Erdgeschoss
zentrale Nutzung im jeweiligen Teilgebiet (auf Grundlage der VU)
Lebensmittelproduktion
Geringe Wohnfläche pro Person
Lokale alternative Energieproduktion
nachhaltige Baumaterialien verwenden
Wiederverwendung von abgetragenen Materialien
Ausreichend Fahrradstellplätze
Alternative Formen der Logistik (u.a. Transport von Waren und Gütern)
Flexibilität von Nutzungen
gemeinschaftliche Nutzungen / Gemeinschaftsorte
Klimaanpassung (Versickerung, Aufnahme von Wasser, ...)
Flächenreduzierte Bauweise
Gemeinsam von Rad- und Fußverkehr genutzte Wegeverbindung am Ufer
Veloroute/Radschnellweg
Mobilitäts-Hubs (an den Quartierseingängen mit Parkmöglichkeiten für PKWs)
Fuß- und Radverkehrverbindungen (auf Grundlage der VU)
Ergänzende Erschließung der Teilgebiete
Bestehende Fähranlegestelle
Neue Fähranlegestelle (VU)
Neue Fähranlegestelle
Nachhaltige Mobilität auf dem Wasser (z.B. Wasserstofffähren)
Fähre als zusätzlicher ÖPNV (u.a. Anbindung Hafenwestseite und Dänemark)
Zentrale mehrfachgenutzte öffentliche Freiräume
Gestapeltes Gewerbe entwickeln
Übergang zwischen Freiraum und maritimen Zentrum (Wie ist die Kante definiert?)

liegt auf großzügigen Aufenthaltsbereichen und Fußgänger*innen- und Fahrradverkehren.

Eine besondere Herausforderung für die Umsetzung der Leitlinien ergibt sich daraus, dass in Flensburg nur sehr begrenzte Erfahrungen mit Baugruppen, kleinen Genossenschaften oder vergleichbaren Akteur*innen bestehen, die für die Entwicklung eines kleinteiligen, von den Bewohnenden getragenen Quartiers jedoch von erheblicher Bedeutung sein können.

In dem Quartier Hafen-Ost stehen neben der Reduzierung des Ressourcenverbrauchs auch Kleinteiligkeit und Lebendigkeit sowie Gemeinwohlorientierung und kooperative Entwicklung im Vordergrund.

Abb links.: Das Wimmelbild visualisiert die Leitlinien für das Quartier Hafen-Ost.
© Urban Catalyst GmbH

LEITLINIEN FÜR DIE ENTWICKLUNG DES GEBIETS HAFEN-OST MIT GRUNDAUSSAGEN*

1. Der Hafen-Ost hat Charakter: Die Wasserlage und der Hafen prägen das Stadtbild seit langem und geben ihm einen eigenständigen Charakter. Zukünftig gilt es, dieses Alleinstellungsmerkmal behutsam weiterzuentwickeln.

2. In öffentlicher Hand mit Herz und Verstand: Durch den Verbleib der Flächen in öffentlicher Hand werden eine langfristige Verfügbarkeit und der Handlungsspielraum für eine gemeinwohlorientierte Entwicklung gesichert. Dies ist Voraussetzung für eine funktionale und soziale Mischung und die Bezahlbarkeit von Wohn- und Gewerberäumen sowie eine Nutzung der öffentlichen Freiräume durch alle.

3. Kooperativ entwickeln: Nur mit der Möglichkeit der Teilhabe wird das Gebiet Hafen-Ost zukünftig zu einem lebenswerten Quartier für alle. Gemeinschaft, Teilhabe, Selbstorganisation etc. spielen in der Entwicklung des Gebietes eine essenzielle Rolle.

4. Weniger ist mehr: Im Quartier Hafen-Ost wird schonend mit dem Verbrauch von Flächen und anderen Ressourcen umgegangen.

5. Genial klimaneutral: Das neue Quartier ist dem Ziel der CO_2-Neutralität verpflichtet. Zusätzlich ist auch die Klimaanpassung wesentlicher Bestandteil der Entwicklung.

6. Die Mischung macht's: Das zukünftige Stadtquartier Hafen-Ost wird durch die kleinteilige soziale und funktionale Mischung mit vielfältigen Nutzungen und lebendigen Nachbarschaften zu einem lebenswerten Quartier. Die Mischung aus Arbeiten, Produktion, Dienstleistungen, einer Vielfalt von verschiedenen Wohnformen, Bildung und Soziales, Kultur und Freizeit am selben Standort stellt optimale Bedingungen für die „Stadt der kurzen Wege" dar.

7. Freiräume – mehrfach nutzbar und gemeinwohlorientiert: Freiräume stehen im Quartier Hafen-Ost überwiegend allen zur gemeinschaftlichen Nutzung zur Verfügung. Sie werden von den Bewohner*innen mitgestaltet und multifunktional von unterschiedlichen Zielgruppen und zu unterschiedlichen Zwecken genutzt.

8. Alternativ mobil: Das neue Stadtquartier Hafen-Ost ist Vorreiter für nachhaltige Mobilität. Es wird ein autoarmes Quartier angestrebt, die Fortbewegung findet überwiegend zu Fuß, mit dem Fahrrad oder mit öffentlichem Nahverkehr statt. Die tägliche Verkehrsmittelwahl der Nutzer*innen wird aktiv in Richtung des Umweltverbundes gelenkt.

**Die ausführliche Fassung der Leitlinien mit allen Unterpunkten kann unter https://www.ihrsan.de/fileadmin/Content/PDF_und_Images/Hafen-Ost/Leitlinien_Hafen_Ost.pdf abgerufen werden.*

V. Was zeichnet suffizienzorientiertes Verwaltungshandeln aus?

Zehn Jahre. So viel Zeit bleibt noch, um das Flächenziel der Bundesregierung zu erreichen. Um Biodiversität und Klima zu schützen, soll bis 2030 die tägliche Flächeninanspruchnahme halbiert werden. Von derzeit rund 60 Hektar auf 30 Hektar. Doch die Konkurrenz um Grund und Boden ist groß.

Investor*innen und Bauträger*innen, Gewerbetreibende und Landwirt*innen, Umweltschützer*innen und Menschen, die ein Haus im Grünen bauen wollen oder Stadtbewohner*innen, die auf breite Radwege pochen, sie alle haben begründete Interessen, wenn es um die Verteilung von Flächen geht. Kommunen stehen vor der Herausforderung, soziale, ökologische und ökonomische Interessen gegeneinander abzuwägen, Flächenkonflikte zu moderieren und vor allem Lösungen anzubieten. Kommunale Suffizienzpolitik ist ein Weg, um dem Flächenziel durch Umverteilung und veränderter Nutzung von Flächen näher zu kommen.

Charakteristika flächenbezogener Suffizienzpolitik

Im Kern zielt flächenbezogene Suffizienzpolitik auf die Umverteilung von Flächen, indem sie nachhaltiges Verhalten fördert und nichtnachhaltige Alltagspraktiken hemmt. Nachhaltiges, das heißt ressourcenschonendes Verhalten, wird durch das Angebot entsprechender Infrastrukturen und Räume unterstützt. Die gebaute Welt mit den ihr zugeschriebenen Funktionen beeinflusst, wie Menschen sich verhalten. Gibt es zahlreiche gut ausgebaute Fahrradwege in einer Stadt, fahren mehr Menschen mit dem Rad, wird der Busverkehr deutlich günstiger und attraktiver steigen die Fahrgastzahlen rapide an, gibt es attraktive urbane Wohnungen mit Grün- und Freiflächen vor dem Haus, lockt dies einige Menschen aus den Einfamilienhäusern. Bei der Schaffung nachhaltiger Infrastrukturen steht der Zusatz ‚ansprechend' im Zentrum: Zu Fuß, mit dem Rad oder dem ÖPNV unterwegs zu sein, sollte praktischer als die Autonutzung sein, damit Menschen (gerne) umsteigen, urbanes Wohnen sollte hohe Lebensqualität bieten, damit Menschen darin eine Alternative zum Wohnen im Einfamilienhaus am Stadtrand sehen. Dem zugrunde liegt die Vorstellung, dass Verhaltensweisen sich weniger an normativen und abstrakten Zielen wie dem Klimaschutz ausrichten, sondern primär an lange eingeübten, gesellschaftlich weit verbreiteten und institutionell geförderten Routinen. Gelingende Suffizienzpolitik steht also vor der Herausforderung, Städte zu schaffen, in denen ressourcenschonendes Verhalten attraktiv und alltagstauglich ist und umstandslos gelebt werden kann.

Nachhaltiges, das heißt ressourcenschonendes Verhalten, wird durch das Angebot entsprechender Infrastrukturen und Räume unterstützt.

Wenn nachhaltiges Verhalten wirksam gefördert werden soll – ganz gleich, ob aus sozialen, ökologischen oder ökonomischen Gründen – ist es sinnvoll, gleichzeitig nicht-nachhaltige Alltagspraktiken einzuschränken. Dafür gibt es zwei Gründe: Zum einen fehlt schlichtweg der Platz, um neben den bestehenden Nutzungen immer noch weitere hinzuzufügen.

Mit Landwirtschaft, Wohnen, Mobilität oder Umweltschutz treffen zahlreiche Anforderungen auf eine begrenzte Fläche – suffizienzorientierte Maßnahmen können die Flächenkonkurrenz mindern, indem sie ressourcenschonendes Handeln ermöglichen und gleichzeitig flächenintensive nicht-nachhaltige Praktiken einschränken.

Kommunen haben nicht (mehr) genügend Flächen, um Einfamilienhausgebiete auszuweisen und alternative Wohnformen zu fördern. In vielen Städten reicht der Straßenraum nicht aus, um die stetig steigende Nachfrage nach Stellplätzen für den ruhenden und nach Raum für den möglichst reibungslos fließenden automobilen Verkehr zu befriedigen *und* zugleich ausreichend Flächen für Fuß-, Fahrrad- und öffentlichen Verkehr zur Verfügung zu stellen. Der städtische Raum kann vielerorts nicht einfach erweitert werden, um all den Anforderungen zu genügen. Das heißt, wenn nachhaltige Verkehre gefördert werden sollen, müssen schon aus Platzgründen Fahrbahnen und Parkplätze für einen ansprechenden Radweg oder eine Busspur weichen. Die Nutzung des Automobils als nicht-nachhaltige Mobilitätsform wird auf diese Weise unattraktiver, weniger komfortabel und zeitintensiver.

Zum anderen lässt sich beobachten, dass ein reines Hinzufügen von nachhaltigen Wohn- oder Mobilitätsangeboten für Verhaltensänderungen in Richtung Nachhaltigkeit nicht ausreicht. Solange deren nicht-nachhaltige Pendants unangetastet bleiben, werden die nachhaltigen Angebote eben zusätzlich genutzt und nicht als Ersatz. So wie im Supermarkt regional, saisonal und biologisch erzeugte Lebensmittel das Sortiment im Wesentlichen nur erweitern, der bestehenden nicht-nachhaltigen Auswahl an Alltagsgütern also eine zusätzliche Option hinzufügen, an der Produktion des übrigen Sortiments hingegen nichts ändern, so ändern auch rein additive Maßnahmen im Bereich Wohnen oder Mobilität in struktureller Hinsicht wenig. Die Einführung des ticketlosen ÖPNV im brandenburgischen Templin zum Beispiel, ließ zwar die Fahrgastzahlen in ungekannte Höhen steigen, er führte aber zu keiner signifikanten Reduktion des Autoverkehrs. Der attraktive ÖPNV war aber eine wichtige Grundlage für spätere Einschränkungen des Autoverkehrs.

Neben der Umgestaltung des physischen Raums können Kommunen den Zugang zu Stadtraum auch mittels Geld und Quoten umverteilen. Einige Städte erhöhen Parkgebühren oder schöpfen den Planwertzuwachs bei der Ausweisung von Neubaugebieten ab, um die Nutzer*innen an den Kosten, die ansonsten die Allgemeinheit tragen würde, zu beteiligen. Bei der Vergabe von Flächen können mittels Konzeptvergaben Quoten für bestimmte Bevölkerungsgruppen eingeführt werden, um ihnen den Zugang zu Stadtraum zu erleichtern oder für sie die Preise zu senken. Suffizienzpolitik verhandelt häufig die Frage des Eigentums oder der Nutzung von Grund und Boden. Gemeinschaftliches Nutzungsrecht, vor allem in öffentlichem oder genossenschaftlichem Eigentum, wird gefördert, wohingegen individuelle Nutzungen eingeschränkt oder Eigentümer*innen stärker an den Kosten für die Allgemeinheit beteiligt werden.

Wenn nachhaltiges Verhalten wirksam gefördert werden soll, ist es sinnvoll, gleichzeitig nicht-nachhaltige Alltagspraktiken einzuschränken.

Um einen schonenden Umgang mit Flächen durch Umverteilung zu realisieren, braucht es mehr, als nur Wissen über konkrete Maßnahmen zur Flächeneinsparung, das zeigt unsere qualitative Untersuchung in zehn deutschen Kommunen. Was genau den untersuchten Kommunen dabei half, suffizienzpolitische Maßnahmen zu implementieren, wird im Folgenden erläutert.

Flächen sparen durch Suffizienz. Verwaltungsstrategien

Eine Idee des Städtischen

Zentral für die erfolgreiche Umsetzung suffizienzpolitischer Maßnahmen ist eine Idee des Städtischen. Gemeint ist damit eine übergreifende Vision für die jeweilige Entwicklung einer Stadt, die über die Grenzen einzelner Projekte und Maßnahmen hinausreicht. Bei den untersuchten Städten sind die jeweiligen Visionen von unterschiedlichen Aspekten der Nachhaltigkeit geprägt, wie eine kompakte, autoarme, ressourcenschonenende, attraktive oder eine sozial durchmischte Stadt. In einigen Städten ist auch die Vermarktungsfähigkeit dieser Kombinationen, also eine dichte, urbane Stadt mit hoher Aufenthaltsqualität, ein wichtiger Treiber für die Entwicklung entsprechender Ideen des Städtischen. Gemeinsam ist den unterschiedlichen Visionen in den untersuchten Städten der Anspruch, möglichst viele Bedürfnisse der Bewohner*innen und Besucher*innen durch ansprechende öffentliche Räume zu befriedigen. Dies bedeutet im Umkehrschluss, dass für Räume, die primär der privaten Nutzung zugedacht sind, wie Einfamilienhäuser oder Fahrspuren und Parkplätze für PKW, weniger Flächen zur Verfügung gestellt werden. Eine breit geteilte Idee des Städtischen, die sich eher an den Bedürfnissen der Bewohner*innen und weniger ausgeprägt an der ökonomischen Verwertbarkeit orientiert, dient in den untersuchten Städten als Richtschnur, die sich durch das politische Handeln der beteiligten Akteur*innen zieht. Diese Richtschnur hilft bei der Bewertung und Ausgestaltung von konkreten Projekten. Langfristigkeit ist eines der wesentlichen Merkmale einer Idee des Städtischen. Eine langfristige Perspektive einzunehmen, klingt als Strategie zunächst banal, impliziert aber bei genauerem Hinsehen eine für suffizienzpolitische Maßnahmen zentrale Abkehr von kurzfristigen, auf schnellen Erfolg ausgerichteten stadtplanerischen Maßnahmen. Eine langfristige Perspektive gibt Zeit zu lernen und mehrfach nachzujustieren. Hinzu kommt, dass sich die Wirkungen von veränderten Rahmenbedingungen häufig erst zeitversetzt zeigen. So liegen bei der aktiven Bodenpolitik in Bocholt städtische Grundstücke nach dem Erwerb nicht selten 10 oder 15 Jahre still, bevor sie entwickelt werden. In der Regel genügt es nicht, Visionen in strategischen Papieren festzuhalten. Denn konzeptionelle Vorstellungen entwickeln vor allem dann Strahlkraft und Wirkung, wenn sie insbesondere von Entscheidungsträger*innen im politischen Alltag und Verwaltungshandeln gelebt werden. Die Entwicklung und konsequente Umsetzung der Innen-vor-Außen-Strategie in Ravensburg war beispielsweise unter anderem begleitet von Exkursionen des Stadtrats. Initiiert wurden diese Ausflüge vom damaligen Bürgermeister, Hermann Vogler. Im Wald oder auf der Müllkippe machten sich die Ratsmitglieder ein Bild von der Stadt und ihrem Umland, diskutierten über umweltrelevante Themen und verständigten sich darüber, wie ihr strategisches Vorgehen aussehen und welchen Zwecken es dienen sollte.

Im Rahmen von Konzeptverfahren ist nicht die Finanzkraft von Investor*innent entscheidend, sondern was und in welcher Weise auf einer Fläche entsprechend demokratisch legitimierter Kriterien entwickelt werden soll.

Aktives Selbstverständnis

Neben einer Idee des Städtischen, einer Vorstellung davon also, in welche Richtung Stadtentwicklung betrieben werden soll, ist ein wesentlicher Erfolgsfaktor für Suffizienz, die Bereitschaft in Politik und Verwaltung, die Stadt aktiv selbst zu gestalten und diese Aufgabe nicht finanzstarken Akteur*innen oder dem Markt zu überlassen. Gestaltendes Handeln bedeutet, Politik und Verwaltung setzen klare, transparente und einheitliche Rahmenbedingungen, durch die Stadtentwicklung entsprechend der favorisierten Ideen des Städtischen möglich wird. Demokratisch legitimierte Gremien sowie Fachverwaltungen können (und sollen) ihr Handeln am Gemeinwohl statt an Partikularinteressen orientieren. Das heißt, sie können eine Stadtentwicklung befördern, die Viele mit einbezieht und die Vielen zu Gute kommt. Es bedarf den Willen zur Gestaltung und ein aktives Selbstverständnis, um das entsprechend voranzutreiben. Konzeptvergaben sind Beispiele aktiv gestaltender Politik und Verwaltungen. Statt Grundstücke oder Immobilien nach dem Höchstpreis zu vergeben und die Entscheidung, was auf der Fläche geschieht, letztlich den Käufer*innen zu überlassen, formuliert die Kommune Kriterien, die erfüllt sein müssen, um das fragliche Objekt zu erwerben. Den Zuschlag bekommt dann idealerweise der oder die Bewerber*in mit dem überzeugendsten Konzept. Dies schließt renditeorientierte Investor*innen nicht per se aus dem Stadtentwicklungsprozess aus. Sie können, neben Genossenschaften, Baugruppen und städtischen Wohnbaugesellschaften, wichtige Akteure der Stadtgestaltung darstellen. Jedoch ist im Rahmen von Konzeptverfahren nicht ihre Finanzkraft entscheidend, sondern was und in welcher Weise auf einer Fläche entsprechend der in demokratischen Verfahren entstandenen Kriterien entwickelt werden soll. Die formalen und inhaltlichen Rahmenbedingungen hierfür setzt die Stadt als aktiv gestaltende und damit auch für das Prozessergebnis mitverantwortliche Akteurin.

Es braucht nicht nur Zeit, um etwas Neues zu bauen, sondern auch, um neue Praktiken zu etablieren, neue Rahmenbedingungen zur Routine werden zu lassen und um Visionen des Städtischen zum Leitbild für künftiges Handeln werden zu lassen.

Langer Atem

Ein aktives Selbstverständnis der Stadtverwaltung zeigt sich in konsequentem Handeln, Kreativität und ausgeprägter Dialogbereitschaft. Konsequentes Handeln hat zwei Dimensionen: Ein langfristiges Durchhaltevermögen und eine entschlossene Umsetzung. In der Regel gehen suffizienzpolitische Maßnahmen mit Widerständen einher. Konsequentes Handeln bedeutet im Falle solcher Widerstände das stetige Verfolgen von Zielen, mit anderen Worten, den Widerständen weder nachzugeben, noch blindlings eigene Vorstellungen durchzusetzen. Durchhalten heißt, einen langen Atem zu haben – und ist nicht mit viel Sitzfleisch zu verwechseln. Denn Stadtentwicklungsprozesse sind Prozesse, die weit in die Zukunft reichen, sowohl was die Planung und den Bau materieller Infrastrukturen anbelangt als auch deren Nutzungszeiträume betreffend. Bis ein neues Quartier entstanden oder eine bestehende Mobilitätsinfrastruktur umgebaut ist, vergehen mitunter Jahre. Das neue Quartier und die veränderte Mobilitätsinfrastruktur wiederum werden die Stadt und die Art und Weise wie in ihr das Alltagsleben stattfindet auf Jahrzehnte hinaus prägen. Angesichts dieser Zeitlichkeit ist Durchhaltevermögen vor allem deshalb notwendig, um Effekte, die in größer zeitlicher Entfernung liegen, erzielen zu können und nicht durch kurzfristige Interessen aushebeln zu lassen. Es braucht nicht nur Zeit, um etwas Neues zu bauen, sondern auch, um neue Praktiken zu etablieren, neue Rahmenbedingungen zur Routine werden zu lassen und um Visionen des Städtischen zum Leitbild für künftiges Handeln werden zu lassen. In den Städten, in denen wir bodenpolitische Maßnahmen untersucht haben, hat deren Entwicklung, stetige Überarbeitung und letztliche Etablierung Jahre gedauert. In längeren Prozessen sind durch die konsequente Verfolgung bodenpolitischer Ziele Verfahren entstanden, die gewährleisten, dass Bauland allein von der Stadt veräußert oder in Erbpacht vergeben wird oder Konzeptvergaben ausschließlich unter klaren Auflagen erfolgen, die in städtebaulichen Verträgen festgehalten werden. Konsequenz ist hier ein weiteres wichtiges Stichwort. Neue Verfahren und Rahmenbedingungen sind oft dann langfristig tragfähig, erfahren breite Akzeptanz und erlangen Wirksamkeit, wenn sich kommunale Verwaltungen und kommunale Politik ausnahmslos und verlässlich an die eigenen Vorgaben halten. Es gilt also, davon abzusehen, kurzfristig dringlich erscheinende Ausnahmeregelungen zu treffen, damit kommunales Handeln verlässlich ist und Planungssicherheit ermöglicht.

Es mag an dieser Stelle paradox klingen, doch nicht zuletzt der Wunsch eine verlässliche Kommune zu sein, erschwert oftmals die Einführung und Etablierung neuer, stärker an Nachhaltigkeit ausgerichteten Rahmenbedingungen. Weil nicht-nachhaltige Praktiken nicht nur tief im Alltag der Einwohner*innen verankert sind, sondern auch über Jahrzehnte institutionell und durch Verwaltungshandeln gestützt und gefördert wurden, mithin als normal und gegeben wahrgenommen werden, erweist es sich auch für öffentliche Verwaltungen als schwierig, eingeübte Gewohnheiten zu verändern. Dort, wo man seit jeher kostenlos das eigene Auto auf öffentlichem Grund parken konnte, wird die Einführung einer Parkraumbewirtschaftung und erst recht die Reduktion von Parkraum zu Kritik und Widerständen führen. Umso bedeutsamer ist, auch im Sinne eines konstruktiven Umgangs mit Kritik

© Fabian Deter, wikipedia

Pop-up-Radweg statt Parkplatz für den privaten PKW in Berlin: Suffizienzmaßnahmen erfolgreich umzusetzen bedeutet auch Konflikte aushalten zu können, die mit einer Einschränkung gewohnter, nicht-nachhaltiger Praktiken einhergehen.

Mut meint, das Wagnis einzugehen, Routinen zu verlassen, Neuland zu betreten und Konflikte in Kauf zu nehmen.

und Konflikten, ein transparentes und auf Kooperation setzendes Vorgehen. Sollen in einer Stadt gewissermaßen neue Spielregeln gesetzt werden, innerhalb derer sich Einwohner*innen, Investor*innen aber auch die Mitarbeiter*innen in der Verwaltung bewegen können, dann erfordert dies, so formulieren es diverse Akteur*innen in unserer Untersuchung, ein mutiges Vorgehen und den politischen Willen Entscheidungen durchzusetzen. Mut meint in diesem Kontext, das Wagnis einzugehen, Routinen zu verlassen, Neuland zu betreten und Konflikte in Kauf zu nehmen. Das umfasst das Ausnutzen rechtlicher Spielräume, die Ermöglichung alternativer Nutzungen öffentlicher Räume oder die Einführung neuer Verfahren in der Verwaltung. Als mutig bezeichnen die Interviewten, Handeln unter Unsicherheit und mit ungewissem Ausgang. Ungewiss insofern, als bestimmte Wirkungen zwar erwartet werden können, die jeweiligen Maßnahmen jedoch noch nicht auf eigenen Erfahrungen vor Ort beruhten. Handeln unter Unsicherheit bedeutet auch, nicht abschließend abschätzen zu können, wie sich die jeweilige Maßnahme im speziellen lokalen Gefüge auswirken wird, noch, welche Langzeitfolgen sie haben könnte. Jüngstes Beispiel für ein solches Handeln unter Unsicherheit sind die sogenannten Pop-up Bike Lanes. Temporäre Fahrradwege, die während der Corona-Pandemie in diversen Städten eingeführt wurden, um eine Alternative zum Auto und zum ÖPNV anzubieten. Als die ersten gelben Markierungen auf den Straßen aufgebracht wurden, wusste man nicht, wie sich das Pandemiegeschehen entwickeln würde, unklar war auch, ob die neue Infrastruktur von der Bevölkerung angenommen werden würde oder es war nicht vollständig absehbar, ob ihre Einführung allen drohenden Klagen von Gegner*innen Stand halten würde. Es gab also eine ganze Reihe von Unwägbarkeiten. Unter diesen oder vergleichbaren Bedingungen tätig zu werden, bezeichnen nicht wenige Interviewten als mutig.

Die Städte in unserer Untersuchung bringen ihre suffizienzpolitischen Maßnahmen voran, indem sie den Dialog mit vielen Stakeholdern suchen und auf breite Beteiligungsmöglichkeiten setzen. Städtische Verwaltungen agieren dabei als Mediatorinnen unterschiedlicher Interessen, die bei ihr zusammenlaufen. Ein solches Vorgehen ermöglicht es, die Fäden in der Hand zu halten, unterschiedliche Parteien miteinander ins Gespräch zu bringen und grundsätzlich eine Plattform zu bieten für die Wahrnehmung unterschiedlicher Anliegen, Bedürfnisse und Interessen am öffentlichen Raum. Auch in kooperativen, auf Beteiligung und Dialog setzenden Verfahren, bleibt die letzte Entscheidung und damit die Verantwortung bei den kommunalpolitischen Gremien. Jedoch ist es, gerade wenn es um die Veränderung von tief verankerten mentalen Infrastrukturen geht, das heißt von etablierten Denkmustern und kulturellen Praktiken, hilfreich, unterschiedliche Perspektiven zu integrieren.

Wo unterschiedliche Perspektiven integriert werden sollen, muss viel kommuniziert werden. Dabei richtet sich die Kommunikation nach außen, zur Stadtgesellschaft hin und nach innen, in die Verwaltung hinein. Nicht nur die Einwohner*innen einer Stadt müssen für Transformationen ihrer Stadt in Richtung Nachhaltigkeit und Suffizienz gewonnen werden, auch in Verwaltungen stoßen neue Ideen des Städtischen bisweilen auf Skepsis oder Unverständnis. Weil für komplexe Entscheidungen die Expertise aus unterschiedlichen Ressorts benötigt wird und weil es für Neues in der Regel keine eingeübten Verfahren oder erprobte Prozessabläufe gibt, können neue Personalkonstellationen und Arbeitsvorgänge ausprobiert werden, um ressortübergreifend Lösungen für Fragen zu erarbeiten, die sich bislang so nicht gestellt haben.

Um neue Rahmenbedingungen zu etablieren, braucht es bisweilen die konsequente Nutzung der rechtlichen Spielräume, die oftmals größer sind, als eingeübte Alltagspraktiken vermuten lassen.

Um neue Rahmenbedingungen zu etablieren, braucht es bisweilen die konsequente Nutzung der rechtlichen Spielräume, die oftmals größer sind, als eingeübte Alltagspraktiken vermuten lassen. Um Rahmenbedingungen zu schaffen, die Kommunen die Umsetzung ihrer Suffizienzmaßnahmen ermöglichen, legen sie die rechtlichen Bestimmungen weit aus, nutzen sie kreativ oder anders als bisher angewandt. Dies verweist einerseits darauf, dass Suffizienzpolitiken nicht immer die naheliegende Option darstellen und durch den übergeordneten Rechtsrahmen nicht gerade befördert werden. Andererseits wird auch deutlich, dass kommunale Suffizienzpolitik schon heute umgesetzt werden kann, es dazu jedoch einer gewissen Beharrlichkeit und eines starken Willens, einer großen Dialogbereitschaft und einer gewissen Kreativität bedarf.

Wer das Land hat, hat die Macht

Die Verfügbarkeit von materiellen Ressourcen ist ein weiterer bedeutender Erfolgsfaktor für Suffizienzpolitik. Hier geht es im Wesentlichen um die Ressourcen Fläche, Finanzen und Personal. Finanziellen und personellen Engpässen kann kurzfristig durch Förderprogramme begegnet werden, weshalb diese auch bei den von uns untersuchten Städte eine zentrale Rolle einnehmen. Langfristig bedarf es aber einer besseren finanziellen Grundausstattung der Kommunen, damit diese Hemmnisse gemildert werden können. Neue Flächen lassen sich hingegen vor allem durch aktive Bodenpolitik gewinnen. Anders als beim Personal oder auch bei den finanziellen Mittel wird beim Boden offensichtlich, dass dieser begrenzt und unvermehrbar ist, er kann nur anders verteilt werden.

Verfügen Kommunen über eigenen Boden, ist es deutlich leichter, gemeinwohlorientierte Kriterien in eine städtebauliche Entwicklung mit einzubeziehen und so eine nachhaltige Stadtentwicklung zu fördern. Ohne die Verfügungsmacht über den Boden können Kommunen nur über die Bauleitplanung und städtebauliche Verträge auf eine Gemeinwohlorientierung der Bodennutzung einwirken, dabei ist sie aber auf die Bereitschaft der Eigentümer*innen, die Flächen zu entwickeln, angewiesen. Besteht auf den privaten Flächen bereits ein Baurecht, steht der Stadt nicht einmal dieses Instrumentarium zur Verfügung. Sie kann dann nur versuchen, Konflikte auszubalancieren und Lösungen auszuhandeln, die Vielen gerecht werden, allerdings fehlt ihr ein entscheidender Teil für die Durch- und Umsetzung der Lösungen. Solange sich der Grund und Boden, der für die städtebauliche Entwicklung der Gemeinde wesentlich ist, in privaten Händen befindet, wird es für die Stadt schwierig eine gemeinwohlorientierte Entwicklung zu fördern, da die Interessen der Eigentümer*innen im Vergleich zu denen der Allgemeinheit überproportionalen Einfluss haben. Durch eine aktive Bodenpolitik kann die Kommune gezielt sozial-ökologischen Problemlagen entgegenwirken und langfristig auch finanzielle Vorteile erwirtschaften. Einige Kommunen verfolgen schon lange eine aktive Bodenpolitik, kaufen Boden strategisch an und vergeben kommunale Flächen nur in Erbbauchrechten. Wichtig ist auch bei der Bodenpolitik, dass der Ankauf nicht (allein) projektbezogen erfolgt und der Verkauf von Flächen nicht dem Stopfen von Haushaltslöchern dient. Stattdessen geht es bei einer aktiven Bodenpolitik darum, mittel- und langfristig Gestaltungsmacht für die Kommune zurückzugewinnen. Ein Grundsatzbeschluss, dass es Baurechte für private Grundstücke nur unter strengen Auflagen in städtebaulichen Verträgen gibt, sorgt für Planungssicherheit und steigert die Souveränität von Kommunen.

Solange sich der Grund und Boden, der für die städtebauliche Entwicklung der Gemeinde wesentlich ist, in privaten Händen befindet, wird es für die Stadt schwierig eine gemeinwohlorientierte Entwicklung zu fördern.

Politik und Verwaltung gestalten gemeinsam

*Wenn Nutzer*innen zur Gestaltung suffizienzorientierter Quartiere eingeladen werden, entstehen mehrheitsfähige Lösungen. An den Entwürfen des Grasbrookparks in der Hamburger Hafencity waren beispielsweise Kinder aus einer Schule und einer KITA sowie interessierte Anwohner*innen beteiligt. Grundsätzlich braucht es Verfahren, die Anwohner*innen und Nutzer*innen frühzeitig und anhaltend in Entwicklungsprozesse einbeziehen und projektunabhängig ein gutes Vertrauensverhältnis zwischen Einwohner*innen, Verwaltung und Politik etablieren.*

Insbesondere bei der Umsetzung von potentiell konfliktreichen Maßnahmen – wie solchen der Suffizienz – ist eine enge Kooperation zwischen Verwaltung und Politik von Vorteil. Die Politik verfügt dadurch, dass der Stadtrat das höchste Gremium einer Kommune ist, über die größte institutionelle Gestaltungsmacht, wobei die fachliche Expertise in der Verwaltung angesiedelt ist. Auf Verwaltungsseite werden Entscheidungen vorbereitet und aus professioneller Perspektive Gestaltungsoptionen der Stadtentwicklung diskutiert. Daraus resultiert ebenfalls eine Gestaltungsmacht, die jedoch nur dann fruchtbar gemacht werden kann, wenn es eine enge Zusammenarbeit mit der Politik gibt, in der die Vorstellungen der Verwaltung und der Politik diskutiert und Lösungen miteinander ausgehandelt werden. Die Entscheidungsfähigkeit des Stadtrates und die Umsetzungswahrscheinlichkeit von städtebaulichen Maßnahmen können auf diese Weise erhöht werden. In einigen der untersuchten Städte wurden politische Arbeitskreise eingerichtet, in denen Vertreter*innen aus Politik, Verwaltung und teilweise auch Zivilgesellschaft vertreten waren, um Entscheidungen vorzubereiten. Eine regelmäßige und gelingende Kommunikation auch außerhalb der Entscheidungsgremien ist für die Umsetzung von Suffizienzpolitik unumgänglich.

Eine regelmäßige und gelingende Kommunikation auch außerhalb der Entscheidungsgremien ist für die Umsetzung von Suffizienzpolitik unumgänglich.

Von Vielen angeeignete Stadt

Neben den politischen Gremien sind die Nutzer*innen und Adressat*innen der Suffizienzmaßnahmen – zumeist die Einwohner*innen – die Personengruppe, welche frühzeitig und kontinuierlich in den Planungsprozess eingebunden werden sollte. Stadtentwicklung ist ein oftmals konfliktreicher Prozess, insbesondere wenn sie suffizienzorientiert erfolgt. Mit Kritik konstruktiv umzugehen, ist das Hauptziel gelingender Partizipation. Dabei gilt es alle unterschiedlichen Interessensgruppen von Beginn an in den Gestaltungsprozess zu involvieren, um gemeinsam ein Verständnis für die unter-

© HafenCity Hamburg GmbH / Thomas Hampel

schiedlichen Positionen und mehrheitsfähige Lösungen zu entwickeln. Denn ohne oder mit nur unzureichender Beteiligung können Konfliktpunkte zu unüberwindbaren Hemmnissen werden. Darüber hinaus kann durch die Zusammenarbeit mit den späteren Nutzer*innen lokales und Praxiswissen in die Entwicklung der Maßnahmen einbezogen werden. Grundlegend ist eine hohe Transparenz, sodass Entwicklungs- und Entscheidungsprozesse von Beginn an leicht und niederschwellig nachvollzogen werden können. Bei Veränderungsprozessen sind häufig Liebhaber*innen und Anhänger*innen des alten Zustandes, die Angst vor einem drohenden Verlust haben, besonders präsent. Um nicht nur auf das zu fokussieren, was wegfällt, ist es wichtig, Bilder und reale Vorstellungsmöglichkeiten des Neuen, des zu Gewinnenden aufzuzeigen. Dafür machen einige Städte geplante oder mögliche Veränderungen erfahrbar, indem sie im Vorhinein getestet werden. Darüber hinaus werden weitere Möglichkeiten der Mitgestaltung genutzt, indem Ideen der Einwohner*innen einbezogen und Freiräume für die Gestaltung der Stadt durch die Einwohner*innen selbst gegeben werden. Eine enge Zusammenarbeit mit den Einwohner*innen kann nicht nur zu lokal angepassten Lösungen und einer breiteren Akzeptanz der Veränderungen führen, sondern auch ein intensiveres politisches Engagement der Einwohner*innen vorantreiben.

Regionale Zusammenarbeit

Als drittes stellen Umlandgemeinden wichtige Akteur*innen in Stadtentwicklungsprozessen dar. Insbesondere zentrale Städte und ihr Einzugsbereich sind nicht nur wirtschaftlich, sondern auch in Bezug auf Wohnen, Versorgung, Schulen, kulturelle und Freizeiteinrichtungen in vielfacher Weise miteinander verflochten. Eine suffizienzorientierte Stadtentwicklungspolitik geht mit Reduktionen einher. Soll verdichteter gewohnt werden, bedeutet dies im Umkehrschluss, dass weniger Einfamilienhausgebiete ausgewiesen werden. Wenn dezentrale, kleinteilige Einkaufsmöglichkeiten und damit eine Stadt der kurzen Wege gefördert werden sollen, können nicht gleichzeitig Einkaufszentren auf der grünen Wiese errichtet werden. Eine Kommune kann solche politischen Entscheidungen treffen, ist aber vergleichsweise machtlos, wenn Nachbarkommunen einen gegenteiligen Weg einschlagen oder gar versuchen davon zu profitieren. Auch potentielle Investor*innen können ein distanziertes oder zerstrittenes Verhältnis zwischen Kommunen ausnutzen und verschiedene Städte bei Investitionsentscheidungen gegeneinander ausspielen. Hier gilt es die gegenseitige Abhängigkeit anzuerkennen und in einem intensiven, projektunabhängigen Dialog gemeinsame Strategien in Bezug auf Flächennutzungen und Mobilität zu entwickeln. Nur auf der Basis eines fairen Ausgleichs in Bezug auf Bauland-, Ausgleichs- und Rückbauflächen können unangemessener Wettbewerb überwunden, Mehrfachstrukturen vermieden, die geeignetsten Flächen entwickelt, vorhandene Infrastrukturen optimal ausgelastet und unnötige Verkehre vermieden werden.

Um nicht nur auf das zu fokussieren, was wegfällt, ist es wichtig, Bilder und reale Vorstellungsmöglichkeiten des Neuen, des zu Gewinnenden aufzuzeigen.

Strategien sind keine Einzelmaßnahmen

Viele der oben skizzierten Strategien werden mancherorts auch als kurzfristige Einzelmaßnahmen umgesetzt. So werden für einzelne Bauvorhaben gezielt Flächen angekauft, Einwohner*innen werden in einzelnen projektbezogenen Workshops informiert oder beteiligt, mit den Umlandgemeinden werden bei einer Anfrage großer Gewerbebetriebe Verhandlungen gestartet, die Verwaltung versucht, bei der Politik für einzelne Vorhaben zu werben, oder die Politik beschließt abstrakte Ziele und Konzepte mit suffizienten Ansätzen, hat aber nicht den Mut sie umzusetzen. Allerdings ist der Ankauf eines einzelnen Grundstücks noch lange keine Bodenpolitik. Die Gestaltungsspielräume von Kommunen verändern sich erst durch die langanhaltende und konsequente Verfolgung der Strategien. Insbesondere bei kontroversen Themen wie der Suffizienzpolitik sind die Erfolgschancen deutlich höher, wenn die oben skizzierten Strategien unabhängig von einem konkreten Projekt gelebt werden. Wenn ein dauerhaft guter Draht zwischen Politik, Verwaltung, Zivilgesellschaft und Umlandgemeinden besteht, lassen sich dadurch auch kontroversere Projekte umsetzen. Auch eine aktive Bodenpolitik erleichtert die Umsetzung erst, wenn sie systematisch und langfristig umgesetzt wird und nicht als kurzfristige Haushaltspolitik verstanden wird. Ein aktives Selbstverständnis der Stadtverwaltung zeigt sich in dem Bestreben durchzuhalten und durchgehend zu

So verstanden ist Suffizienzpolitik nicht (nur) die Verkehrsberuhigung einer Straße oder der Bau eines neuen Radweges, sondern stellt die grundsätzliche Frage wer, für wen und mit wem die Stadt baut.

gestalten anstelle von aussitzen. Die Idee des Städtischen ist eine langfristige und belastbare Idee, die eine klare Vision skizziert, welche sich in verschiedenen Projekten wiederfindet und eine breite Unterstützung genießt. So verstanden ist Suffizienzpolitik nicht (nur) die Verkehrsberuhigung einer Straße oder der Bau eines neuen Radweges, sondern stellt die grundsätzliche Frage wer, für wen und mit wem die Stadt baut.

Zielorientierte, fehlerfreundliche und anpassungsfähige Verfahren

Bei der Betrachtung der konkreten Umsetzung einzelner Suffizienzmaßnahmen lassen sich Verfahren beobachten, die sich als zielorientiert, fehlerfreundlich und anpassungsfähig beschreiben lassen. Übergeordnete Konzepte dienen der Integration unterschiedlicher Belange, dem ressortübergreifenden Arbeiten und geben Antworten auf die übergeordneten Fragen: Wo will die Stadt in den nächsten Jahren in der Wohnungs-, Verkehrs oder Bodenpolitik hin? Konsequent angewendet können rahmende Konzepte dabei helfen eine klare Zielorientierung einzuhalten. Darüber hinaus schaffen sie Transparenz, indem sie Entwicklungsideen öffentlich machen und sie können dabei helfen, sich auf Förderprogramme zu bewerben.

In den untersuchten Städten lässt sich beobachten, dass insbesondere in den Städten mit Vorreiterinnenrolle, trotz gewisser konzeptueller Vorarbeiten, keine Masterpläne existierten, die eins zu eins umgesetzt werden. Die Entwicklung und Etablierung der Maßnahmen, Verfahren und Rahmenbedingungen entsprang vielmehr einer Art Trial-and-Error-Verfahren. Gemeint ist damit ein Verfahren, das noch nicht strukturiert ist und sich vor allem durch Ausprobieren, eine gewisse Hemdsärmligkeit und eine stetige Kommunikation mit den beteiligten Akteur*innen auszeichnet, bis ein gewisser Grad an Professionalisierung erreicht ist. Ein solches Vorgehen verdeutlicht, dass das Neue, also suffiziente Praktiken, nicht (immer) im Alten entsteht und weiterentwickelt wird. So wurde in Templin der ticketlose ÖPNV eingeführt und im Laufe der Zeit immer weiter nachgebessert, indem die Infrastruktur ausgebaut, ein niedriger Ticketpreis wieder eingeführt und zunehmend Beschränkungen für den Autoverkehr in der Innenstadt durchgesetzt wurden. Dies alles folgte nicht einem vorher geplanten Verfahren, sondern ist

In Heidelberg wird auf dem Gelände eines alten Rangierbahnhofs das neue urbane Quartier „Bahnstadt" verwirklicht. Bei diesem großen Stadtentwicklungsprojekt zeigt sich die nachhaltige, suffiziente Ausrichtung beispielsweise in der Nahmobilitätsverbindung für Rad- und Fußverkehr in Richtung Stadtmitte sowie den unmittelbaren Zugang zu Wasser- und Grünflächen.

© Dirk Schmidt, QIMBY

das Resultat von ausprobieren, Fehler erkennen, nachjustieren, ausprobieren. Damit ist ein solches Vorgehen von einer hohen Fehlerfreundlichkeit bei allen Beteiligten geprägt. Umgekehrt bedeutet es nicht, dass einfach wahllos ausprobiert wird, da die oben erwähnte Idee des Städtischen und die rahmenden Konzepte Leitlinien der Entwicklung vorgeben. Die komplementäre Anwendung von konzeptorientiertem Arbeiten und noch nicht strukturierten Trial-and-Error-Verfahren kann, so zeigen die Beispiele aus verschiedenen Städten, maßgeblich zum Gelingen suffizienzorientierter Projekte beitragen.

Für das Gelingen suffizienzorientierter Projekte braucht es neben einer klaren Idee des Städtischen und rahmenden Konzepten eine große Portion Fehlerfreundlichkeit. Die Entwicklung suffizienzorientierter Projekte muss als anhaltender Lernprozess begriffen werden, in dem sich die Beteiligten durch Ausprobieren und Nachjustieren kontinuierlich auf das Ziel zubewegen.

Für die Entwicklung und ständige Anpassung neuer Verfahren der Suffizienzpolitik nutzen die städtischen Akteur*innen verschiedene Wissensressourcen: Sie integrieren externes Expert*innenwissen aus Wissenschaft, anderen Verwaltungen und Wirtschaft genauso in die Entwicklung ihrer Verfahren wie das lokale Wissen und die lokalspezifischen informellen Netzwerke. Vor allem in Konfliktsituationen und bei offenen Sachfragen wird auf Wissensbestände von außerhalb (aber auch auf interne Studien) zurückgegriffen. Insbesondere mit *externen* Studien und Beratungen wird versucht, den Gegner*innen und Skeptiker*innen die Argumente zu nehmen und durch eine*n „unbeteiligte*n" dritte*n Akteur*in eine emotionale Debatte zu beruhigen. In Siegen wurde beispielsweise sehr emotional um die Wegnahme eines zentralen Parkplatzes gestritten. Externe Gutachter*innen konnten in dieser Situation nachweisen, dass die wegfallenden 150 Parkplätze nicht benötigt würden, und sollten die Debatte damit versachlichen. Lokales Wissen beschreibt demgegenüber die Kenntnis von lokalen Gepflogenheiten, Beziehungen, Historien, Eigentumsverhältnissen, Zukunftswünschen und dergleichen mehr. Sich lokales Wissen anzueignen, dieses zu pflegen und als prozessrelevantes Wissen für die Entwicklung neuer Rahmenbedingungen anzuerkennen, wird als wichtiger strategischer Baustein beschrieben und setzt wiederum eine gelingende und regelmäßige Kommunikation mit allen beteiligten Akteur*innen voraus.

*Suffizienzpolitik bedeutet auch Konflikte auszuhandeln. Auf kommunaler Ebene können emotionale Debatten durch externe Wissensbestände oder Gutachter*innen besänftigt werden.*

VI. Zum Schluss: Was sofort getan werden kann

Die Rahmenbedingungen, in denen sich Kommunen bei ihren politischen Entscheidungen bewegen, begünstigen eine expansive Siedlungsentwicklung. Sie sind geprägt von politischen und ökonomischen Wachstumszwängen und rechtlichen Vorgaben. Um hier grundlegend Abhilfe zu schaffen, wäre ein Wandel der Wirtschafts- und Gesellschaftsordnung, die den Rahmen auch für das Handeln der Kommunen bildet, in Richtung einer Wachstumsunabhängigkeit notwendig.

Steuerliche Rahmenbedingungen und Fördermaßnahmen, Gemeindefinanzierung, Städtebau- und Verkehrsrecht: All dies müsste in wesentlichen Bereichen umgestaltet werden, um eine suffizienzorientierte Siedlungspolitik der Kommunen zur Normalität werden zu lassen. Warten müssen Kommunen darauf allerdings nicht. Kommunale Politik kann auch jetzt schon von dem üblichen Wachstumskurs in Richtung Suffizienz umsteuern. Sie kann bereits unter den gegebenen Umständen in vielerlei Hinsicht Rahmenbedingungen schaffen, die eine ressourcenarme Lebensweise der Menschen fördern und ressourcenintensive Verhaltensweisen erschweren. Für viele lokale Maßnahmen bedarf es weder einer Änderung wesentlicher Rechtsgrundlagen noch neuer Instrumente, sondern einer Änderung des Blickwinkels im politischen Handeln und der konsequenten Nutzung bereits vorhandener Instrumente und Spielräume.

© Jocian, wikipedia

Eine gemischte Nutzung erhöht nicht nur die Lebensqualität eines Quartiers, sondern kann auch zur Ressourcenschonung beitragen: Hochbeet-Projekt auf dem Hanseatenhof in Bremen.

KOMMUNALE SIEDLUNGSENTWICKLUNG BRAUCHT NEUE RAHMENBEDINGUNGEN: REFORMANSÄTZE FÜR DIE GESETZGEBUNG VON BUND UND LÄNDERN

Kommunales Handeln bewegt sich in einem politischen, finanziellen und rechtlichen Rahmen. Zur Abmilderung der Wachstumszwänge, die aus diesem Rahmen folgen, gibt es eine Reihe von Vorschlägen für Reformen in der Gesetzgebung auf Bundes- und Länderebene. Um ressourcenschonende Lebensstile zu fördern, werden neben Forderungen zur Abschaffung von Fehlanreizen wie der Eigenheimförderung, der Pendlerpauschale und dem Dienstwagenprivileg insbesondere Möglichkeiten einer Reform der Grunderwerbssteuer diskutiert, die den Verbrauch unbebauter Flächen im Außenbereich verteuern und die Entwicklung von Potentialflächen im Innenbereich erleichtern. Der Bundesgesetzgeber könnte hier den Ländern die Möglichkeit einräumen, die Steuersätze räumlich nach Innen- und Außenbereich sowie nach Bestandsgebäuden und unbebauten Grundstücken zu differenzieren und Zwischenerwerbe der Kommunen zum Zwecke einer aktiven Innenentwicklung von der Steuerpflicht auszunehmen. Dies könnte zusätzlich mit der Einführung einer Neuerschließungsabgabe für Bauherr*innen, die auf der grünen Wiese bauen, verknüpft werden.[1]

Für die Gemeindefinanzierung werden Reformansätze diskutiert, die den Wettbewerb der Kommunen um Einwohner*innen und Gewerbe durch einen Wettbewerb um eine Nachhaltigkeit in der Siedlungsentwicklung ersetzen. Statt der Ausweisung von Bauland auf der grünen Wiese werden eine kompakte Innenentwicklung, der Rückbau von Siedlungsflächen und das Vorhalten von Freiflächen belohnt. So gibt es in Bezug auf den kommunalen Finanzausgleich den Ansatz, die allgemeinen Zuweisungen des Landes an die Kommunen (Schlüsselzuweisungen) auch an flächensparende Indikatoren zu knüpfen oder zusätzliche Zweckzuweisungen für die Schaffung, Aufwertung und Vorhaltung von Freiräumen, den Rückbau von Siedlungsstrukturen und die Revitalisierung von Brachflächen vorzusehen. Eine solche Zuweisung hat etwa der Fachgutachter für die Neugestaltung des Finanzausgleichsgesetzes in Schleswig-Holstein empfohlen und einen konkreten Vorschlag hierfür vorgelegt. Das Land ist diesem Vorschlag allerdings nicht gefolgt. Ferner können die Länder bei den Schlüsselzuweisungen generell auf Maßstäbe verzichten, bei denen Kommunen Geld pro Straßenkilometer erhalten. Besondere Lasten für Kommunen mit großer Flächenausdehnung können stattdessen über den Einwohner*innenmaßstab mit berücksichtigt werden. Finanziert werden könnte dieser Umbau des kommunalen Finanzausgleichs durch die Einführung einer Bauland-Ausweisungs-Umlage. Dabei werden die Kommunen bei der Ausweisung von zusätzlichem Bauland für die Siedlungsentwicklung mit besonderen Kosten belegt, die im Rahmen der Zuweisungen aus dem kommunalen Finanzausgleich verrechnet werden.[2]

In Bezug auf die Gewerbesteuer könnte der Bundesgesetzgeber den Kommunen die Möglichkeit einer räumlichen Differenzierung der gemeindlichen Hebesätze, mit denen sie die Höhe der Steuer festlegen, einräumen (zoniertes Satzungsrecht). Auf diese Weise könnten Gemeinden Anreize für eine kompakte Gewerbeentwicklung im Innenbereich schaffen. Die Möglichkeit eines differenzierten, das heißt erhöhten Hebesatzes für baureife, aber ungenutzte Grundstücke im Innenbereich bestünde auch für die Grundsteuer. Am effektivsten wäre hier aber die Ausgestaltung dieser Steuer als Bodenwert- oder Flächensteuer. Dies bedeutet, dass eine Besteuerung nicht wie bisher auf der Grundlage des Verkehrswertes des Grundstücks und seiner Bebauung erfolgt, sondern ausschließlich auf der Grundlage des Bodenwertes beziehungsweise des Verbrauchs von Fläche. Dadurch entstünde ein Anreiz für eine effektive Nutzung von Grund und Boden.[3]

Im Rahmen des Bauplanungsrechts gibt es weitgehende Überlegungen, den Flächenverbrauch durch die Ausgabe von Flächenzertifikaten zu steuern. Dabei wird die Gesamtmenge des zulässigen Flächenverbrauchs verbindlich festgelegt und in handelbare Zertifikate aufgeteilt, die dann nach einem bestimmten Verteilermaßstab den Kommunen zugewiesen werden. Alternative Überlegungen sehen vor, in der Raumordnungsgesetzgebung Vorgaben für den Flächenverbrauch zu treffen und den Gemeinden verbindlich Kontingente für die Ausweisung von Wohn- und Gewerbeland zuzuweisen.[4]

Die Nullvariante als Alternative

Politische Entscheidungen für städtebauliche Maßnahmen unterliegen im Wesentlichen der Planungshoheit der Gemeinden. Kommunen können die Bereitstellung von Flächen für die Wohn- und Gewerbeentwicklung, für Einzelhandel und Freizeiteinrichtungen und die grundsätzliche Ausrichtung ihrer Mobilität selbst steuern. Verfolgt eine Kommune das politische Ziel, den Ressourcenverbrauch zu senken, so erfordert dies einen politischen Prozess, in dem siedlungspolitische Entscheidungen nicht auf der Grundlage einer aktuell dringlichen, spezifischen Motivation heraus getroffen werden, sondern auf der Basis einer auf Langfristigkeit angelegten umfassenden Analyse. Am Anfang eines solchen Entscheidungsprozesses steht die Frage, ob eine geplante siedlungspolitische Entwicklung unter Berücksichtigung aller Aspekte auf lange Sicht überhaupt von Vorteil für die Kommune ist. Wird dies bejaht, kann im weiteren Verlauf des Prozesses analysiert werden, wie die angestrebte Maßnahme im Rahmen der vorhandenen Ressourcen umgesetzt werden kann. Dazu gehört auch die Überlegung, wie eine Entwicklung vermieden wird, die ressourcenintensive Verhaltensweisen weiter befördert, und welche Maßnahmen statt dessen ergriffen werden können, die den Menschen ressourcenschonende Verhaltensweisen als bequemere und alltagstauglichere Alternative anbieten. Eine solche Analyse kann dann ohne weiteres zu dem Ergebnis kommen, dass eine siedlungspolitische Entwicklung gar nicht erfolgt (Nullvariante) oder nur reduziert durchgeführt wird oder in anderer Weise als geplant.

Bei einer derartigen Vorgehensweise würde es zum Beispiel nicht mehr selbstverständlich sein, dass der Zuzug von weiteren Einwohner*innen gefördert oder sogar aktiv beworben wird, und dass automatisch Bauland ausgewiesen wird, weil zuziehende Einwohner*innen Wohnungen benötigen, Investor*innen Druck ausüben oder mit dem Verkauf von Grundstücken Geld in die Gemeindekasse kommen soll. Im Rahmen der beschriebenen Analyse würde vielmehr zunächst untersucht, ob ein weiteres Wachstum der Gemeinde überhaupt langfristig von Vorteil ist. Im weiteren Verlauf würde analysiert, welche Art von Wohnraum überhaupt benötigt wird und wie ein tatsächlicher Bedarf ressourcenarm auf Innenbereichspotentialen, beispielsweise im Rahmen einer kompakten Bebauung mit reduzierten Wohnflächen, befriedigt werden kann. Für eine gewerbliche Entwicklung zeigt das Beispiel Ravensburg, wie in einem Gewerbegebiet durch die Reduktion von Parkplatzflächen, der Umnutzung von Brach- und Abstellflächen und eine enge Zusammenarbeit mit den ansässigen Unternehmen vollständig auf die Ausweisung eines ursprünglich angedachten neuen Gewerbegebietes verzichtet werden konnte. Auch bei großflächigen Einzelhandelsansiedlungen und Freizeiteinrichtungen, darauf verweist ebenfalls das Beispiel aus Ravensburg, kann ein Verzicht auf die Genehmigung aus Perspektive der Kommune die gewinnbringendere Variante darstellen, wenn die Auswirkungen auf die Innenstadt, das Umland, die vorhandenen Flächenpotentiale und die entstehenden Verkehre mit einbezogen werden.

Siedlungspolitische Entscheidungen bedürfen einer ergebnisoffenen umfassenden Analyse der langfristigen Auswirkungen auf die Kommune, bei der auch der Verzicht auf eine geplante Maßnahme ein politisch akzeptables Ergebnis sein kann.

Die beschriebene Analyse erfordert eine umfassende Bewertung der langfristigen ökonomischen, sozialen und ökologischen Folgen sowie der fiskalischen Auswirkungen von städtebaulichen Entwicklungen (Nachhaltigkeitseinschätzung). Sie setzt das Vorliegen einer Nachhaltigkeitsstrategie voraus, die dem Ressourcenschutz ein angemessenes Gewicht gegenüber ökonomischen, sozialen und fiskalischen Interessen einräumt und sich grundsätzlich dazu bekennt, mit den vorhandenen Ressourcen auskommen zu wollen.

Entscheidend für eine solche Analyse ist, dass sie ergebnisoffen gestaltet wird. Sie erfordert die grundsätzliche politische Akzeptanz, dass der gänzliche Verzicht auf eine geplante Maßnahme in gleicher Weise akzeptabel ist wie die Reduzierung ihres Umfangs, eine alternative Lösung oder die Einschätzung, dass eine gemeinsame Maßnahme auf geeigneteren Flächen in der Region sinnvoller ist. Reine Angebotsplanungen ohne tatsächlichen Bedarf, städtebauliche Maßnahmen, die lediglich dem Prestige dienen oder nur kurzfristige Vorteile bieten, und Mehrfachstrukturen innerhalb einer Region können auf diese Weise gänzlich vermieden werden, erforderliche Maßnahmen können so durchgeführt werden, dass sie möglichst wenig Ressourcen verbrauchen.

Selbstverpflichtung –Verzicht auf Außenbereichsflächen

Auch ohne bundesweite Regelungen wie die Kontingentierung von Flächen können Gemeinden ihre Flächeninanspruchnahme im Außenbereich reduzieren. Sie sind die Inhaberinnen der Planungshoheit. Da im Außenbereich ohne Bauleitplanung grundsätzlich kein Baurecht besteht, können sie den Zugriff auf die grüne Wiese unterbinden und die Siedlungsentwicklung auf den Innenbereich konzentrieren.

Ein wirksames Instrument hierfür ist eine Selbstverpflichtung der Gemeinde, in der sie die Rahmenbedingungen zum künftigen Umgang mit Flächen festlegt. Sie kann darin etwa reine Angebotsplanungen ausschließen und die Ausweisung von Flächen im Außenbereich ausschließlich an Bedarfe knüpfen, die nicht andernorts bereits erfüllt werden oder für die geeignete Flächen im Innenbereich nicht nutzbar gemacht werden können. Als langfristiges Ziel kann die kommunale Selbstverpflichtung auch den Übergang zu einer Flächenkreislaufwirtschaft formulieren. Dies bedeutet, dass die Inanspruchnahme von neuen Flächen im Außenbereich zusätzlich an die Bedingung geknüpft wird, an anderer Stelle bestehende (nicht oder untergenutzten) Siedlungs- oder Verkehrsflächen entsprechend zurückzubauen.

Um den Nachteil im Wettbewerb mit dem Umland zu reduzieren, ist es sinnvoll, den Übergang zu einer Flächenkreislaufwirtschaft im Zusammenwirken mit anderen Kommunen der Region zu realisieren. Auf geeigneten Flächen können so gemeinsame Flächenpools für die weitere Siedlungsentwicklung und für den Rückbau von Siedlungsstrukturen gebildet und die Lasten und Vorteile untereinander gerecht verteilt werden.

Kommunen haben es selbst in der Hand: Mit einer klaren Selbstverpflichtung zu dem Umgang mit Flächen im Außenbereich können sie auch ohne bundesweite Vorgaben den Flächenverbrauch reduzieren.

Aktive Innenentwicklung

Ein weitgehender Verzicht auf die Inanspruchnahme von Flächen im Außenbereich bedeutet für Kommunen eine Verknappung von Fläche. Die Herausforderung besteht darin, auf entsprechende Bedarfe mit dem vorhandenen Flächenangebot zu reagieren. In wachsenden Gemeinden müssen mehr Einwohner*innen, mehr oder wachsendes Gewerbe und mehr begleitende Infrastrukturen auf gleichbleibender Siedlungsfläche untergebracht werden. Zugleich besteht in allen Gemeinden Druck auf die Fläche durch steigende Wohnflächen pro Person, steigende Kfz-Mobilität und Bedürfnisse nach großflächigem Einzelhandel oder anderen Freizeiteinrichtungen.

Kommunen besitzen zahlreiche Möglichkeiten, bestehende Flächenpotentiale auszuschöpfen. Nachverdichtung im Innenbereich, Unterstützung bei dem Erwerb von Bestandsimmobilien und bei dem Wechsel von Wohnungen sind einige Beispiele.

Hebung bestehender Flächenpotentiale

Um dieser Herausforderung zu begegnen, bedarf es Strategien zur Hebung von Flächenpotentialen. Nachverdichtung im Innenbereich ist eine mögliche Strategie. Daneben gibt es noch zahlreiche weitere Möglichkeiten: Einwohner*innen können logistisch und ökonomisch unterstützt werden, bestehende (Alt-) Immobilien zu erwerben und zu nutzen. Auch der Wechsel in eine Wohnung, die der jeweiligen Lebenslage – Singlewohnen, Familienphase, altersgerechtes Wohnen – entspricht, kann durch Wohnungsbörsen und andere Hilfen erleichtert werden.

Bestandsgebäude in innerstädtischen Lagen wie hier die historischen Schlachthofgebäude in Flensburg haben es schwer, sich gegen eine Neubebauung auf der grünen Wiese durchzusetzen, insbesondere wenn Denkmalschutz besteht. Hier sind kreative Lösungen gefragt, um Leerstand wieder in Nutzung zu bringen.

© Michael Staudt

Als Eigentümerin behält die Kommune langfristig den Zugriff auf relevante Grundstücke und kann die Bodennutzung im Sinne des Gemeinwohls beeinflussen.

Für eine Nachverdichtung können Kommunen Konzepte entwickeln, um den Ausbau bestehender Gebäudestrukturen zu ermöglichen und zu fördern, leerstehende und ungenutzte Gebäude in Nutzung zu bringen, untergenutzte Grundstücke zu verdichten und Baulücken, Brachen und Konversionsflächen zu ertüchtigen und einer Nutzung im Sinne eines Flächenrecyclings zuzuführen. Dabei sollte das Verdichtungspotential vorrangig solche Flächen erfassen, die entweder bereits erschlossen oder an bestehende Erschließungssysteme angebunden sind und gut in bestehende städtische Infrastrukturen (Versorgung, Bildung, Kultur, Freizeit) integriert werden können.

Zur Hebung der Nachverdichtungspotentiale gibt es erprobte und vielfach bewährte Instrumente. Im Rahmen eines systematischen Flächenmanagements können zum Beispiel nicht genutzte und untergenutzte Flächen und Gebäude in einem Flächenkataster erfasst und ihr Potential bewertet werden. Die Einrichtung von revolvierenden Boden- und Infrastrukturfonds ermöglicht es den Gemeinden, langfristig kostenneutral Grundstücke zu erwerben, baureif zu machen und an Nutzer*innen nach Kriterien zu vergeben, die von der Gemeinde festgelegt werden. Der revolvierende Bodenfonds in Bocholt ist ein Beispiel hierfür.

Steuerung der Bodennutzung

Gebäude- und Flächenpotentiale im Innenbereich sind in der Regel knapp. Gemeinden können die vielfältigen Ansprüche von Einwohner*innen, Investor*innen und Nutzer*innen an diese Flächen nur im Sinne des Gemeinwohls steuern, wenn sie die Art und Weise der Bodennutzung selbst in der Hand behalten. Am Effektivsten ist die Steuerungsmöglichkeit, wenn die Gemeinden selbst Eigentümerinnen der für die städtebauliche Entwicklung relevanten Flächen sind. Dies zeigt das Beispiel aus Ulm, wo bereits seit über 100 Jahren sehr erfolgreich eine strategische Bodenbevorratungsstrategie verfolgt und dadurch Bauland grundsätzlich nur von der Stadt zur Verfügung gestellt wird. Als Eigentümerinnen können die Gemeinden die künftige Nutzung der Grundstücke wesentlich beeinflussen. Wollen sie die Fläche nicht selbst entwickeln, können sie die Vergabe an gemeinwohlorientierte Kriterien knüpfen und die Grundstücke statt nach Höchstpreis an die Bewerber*innen mit den besten Konzepten vergeben. Das Beispiel aus Tübingen zeigt, dass Konzeptvergaben erfolgreiche Instrumente für die Schaffung lebendiger, kleinteiliger, urbaner Quartiere sind. Auch langfristig können Gemeinden den Zugriff auf die Grundstücke behalten, indem sie diese bei der Vergabe nicht verkaufen, sondern Erbbaurechte vergeben. Dies hat den Vorteil, dass Gemeinden den Zugriff auf die Grundstücke zurück erhalten können, wenn auf Grund struktureller Veränderungsprozesse städtebauliche Anpassungsmaßnahmen sinnvoll erscheinen, um ein Brachfallen der Flächen zu vermeiden und eine weitere Nutzung der Fläche im Sinne des Gemeinwohls zu gewährleisten.

Befindet sich eine Fläche dagegen in privatem Eigentum, können Gemeinden auf die Nutzung des Bodens nur über die Bauleitplanung und ergänzende städtebauliche Verträge Einfluss nehmen. Diese Form der Steuerung ist aber nur bei Flächen möglich, auf denen noch kein Baurecht besteht, und sie bedarf stets der Mitwirkungsbereitschaft der Eigentümer*innen d.h. der Bereitschaft, die Fläche zu entwickeln. Auf Flächen, die zur Herstellung von Baurecht noch einer Bauleitplanung bedürfen, ist dieses Instrument allerdings sehr effektiv, wie das Beispiel in Bocholt zeigt, wo Flächen bevorzugt überplant und erschlossen werden, deren Eigentümer*innen eine hohe Mitwirkungsbereitschaft zeigen.

Wenn sich Städte im Besitz von Boden befinden, können diese mitentscheiden was damit geschieht. Dies kann auch bedeuten nicht genutzte Flächen als Gemeingut und zur Erholung zu erhalten.

© Walter Sturn, unsplash

Lebensqualität trotz höherer Dichte

Nachverdichtung im Innenbereich ermöglicht es Gemeinden, auch wachsende Entwicklungen in Bezug auf Einwohner*innen und Gewerbe zu bewältigen, ohne dafür weitere Freiflächen im Außenbereich in Anspruch zu nehmen. Die Entwicklung kompakter, kleinteiliger und nutzungsgemischter Quartiere bietet Gemeinden dabei die Möglichkeit, Wohn- und Gewerbepotentiale im Innenbereich zu schaffen und zugleich den Verbrauch von Fläche, Material und Energie sowie die Belastung mit Verkehren zu reduzieren. Dichte, Kleinteiligkeit und Nutzungsvielfalt sind zudem Merkmale urbaner Quartiere, die geeignet sind, lebendige und lebenswerte Strukturen zu schaffen.

Dichte kann zum Beispiel durch kompakte Bebauung erreicht werden, die flächenintensive Wohnformen wie Eigenheime oder eingeschossige gewerbliche Strukturen vermeidet. Gebäude und Räume können flexibel an die verschiedenen Lebensphasen der Bewohner*innen und sich wandelnde Nutzungsbedarfe angepasst und mit logistischer und finanzieller Unterstützung von Umzügen verknüpft werden. Auf diese Weise kann eine optimale Auslastung knapper Wohn- und Gewerbeflächen erreicht, die Funktionsfähigkeit eines Quartiers langfristig erhalten und strukturellen Problemen und Leerständen vorgebeugt werden.

Eine höhere Dichte kann in innerstädtischen Quartieren auch durch die Reduktion individuell genutzter Flächen für Wohnen, Arbeiten und Gewerbe und von Flächen für motorisierte Individualverkehre zugunsten gemeinschaftlich genutzter Flächen, öffentlicher Räume und alternativer Mobilitätsformen erreicht werden. Wohngemeinschaften, Cluster-Wohnen oder auch nur die gemeinschaftliche Nutzung von Wirtschafts- und Freizeiträumen wie Waschkellern, Hobbyräumen oder Dachterrassen und das Teilen von Haushalts- oder Gartengeräten reduzieren den Verbrauch von Fläche, Energie und Material und ermöglichen unterschiedliche Abstufungen zwischen Individualität und Gemeinschaft. Vergleichbares gilt für gewerbliche Nutzungen, die sich Lagerräume teilen und ihre Logistik gemeinsam organisie-

*Nach langen Auseinandersetzungen und intensiver Bürgerbeteiligung soll die Bergmannstraße im Berliner Bezirk Friedrichshain-Kreuzberg umgestaltet werden. Links die Straße im jetzigen Zustand, rechts die Planungsvariante, die das Straßen- und Grünflächenamt des Bezirks nach den Wünschen der Einwohner*innen entworfen hat.*

ren. Die Reduktion von Stellplätzen für individuelle Kfz, ihre Zusammenfassung an wenigen Stellen im Bereich größerer Verkehrsachsen und die Einrichtung Kfz-freier Bereiche ermöglichen die Nutzung von Straßen und Wegen als Orte der Begegnung, zum Spielen und für die Freizeitgestaltung. Attraktiv verknüpfte und bequem nutzbare Möglichkeiten für eine Mobilität zu Fuß, mit dem Fahrrad, dem ÖPNV oder mit Sharing-Angeboten ersetzen die Notwendigkeit eines eigenen PKW. All dies wirkt sich nicht nur positiv auf den Ressourcenverbrauch aus, sondern fördert auch lebendige soziale Gefüge durch gemeinschaftliches Leben und Wirtschaften, stellt mehr Raum für viele Menschen zur Verfügung und mindert die Belastung mit Lärm und Schadstoffen.

Nutzungsvielfalt als weiterer wesentlicher Baustein für die Einsparung von Ressourcen bedeutet eine Orientierung von Quartieren an dem Leitbild der Stadt der kurzen Wege. Innerstädtische Quartiere werden so gestaltet, dass eine kleinteilige funktionale Durchmischung von Wohnen, Arbeit, Versorgung, Bildung, Kultur und Freizeit entsteht und möglichst alle täglichen Bedarfe schnell und bequem um die Ecke befriedigt werden können. Dies bietet nicht nur alltagspraktische Vorteile. Funktionsgemischte Quartiere tragen zur Reduzierung des Flächenverbrauchs bei, motorisierte Wegstrecken werden vermieden und vorhandene Infrastrukturen maximal ausgelastet. Weisen die Quartiere nicht nur eine funktionale, sondern auch eine soziale Mischung auf, können zusätzlich auch stabile und lebendige soziale Gefüge und eine urbane Lebensqualität erreicht werden. Eine kleinteilige Vielfalt von Wohnformen und Bauträgerstrukturen kann hierzu beitragen und sowohl bezahlbaren Wohnraum als auch Alternativen für Adressat*innen von Eigentumswohnungen und Eigenheimen bereitstellen.

Kompakte, kleinteilige und nutzungsgemischte Quartiere ermöglichen es Gemeinden, die Herausforderung zu meistern, vorhandene Flächen im Innenbereich zwischen den vielfältigen Nutzungsansprüchen zu verteilen.

Öffentliche Flächen: Mehr Raum für Menschen

Dichte braucht Freiraum, und großzügige Freiflächen in innerstädtischen Quartieren können zu einer Reduktion des Flächenverbrauchs und der Belastung durch Individualverkehre beitragen. Was zunächst paradox klingt, erschließt sich ganz einfach. Ein qualitätsvolles Wohnumfeld mit großzügigen gemeinschaftlichen Flächen, die hohe Aufenthaltsqualität besitzen, kann wesentlich dazu beitragen, Wohnen auf reduzierten individuellen Flächen als attraktiv für Menschen aus ganz unter-

© Straßen- und Grünflächenamt Friedrichshain-Kreuzberg

Attraktive Freiräume helfen, Flächen zu sparen und Verkehre zu reduzieren. Gemeinden besitzen genügend Spielräume, um auch den öffentlichen Straßenraums hierfür nutzbar zu machen.

schiedlichen Lebensbereichen erscheinen zu lassen. Wenn attraktive Freiräume vorhanden sind, die allen gemeinschaftlich für Erholung, Begegnung, Spiel und Spaß, zum Sport, zum Gärtnern oder weiteren Tätigkeiten zur Verfügung stehen, bedarf es weniger Wohnfläche und weniger Aktivitäten außerhalb des Quartiers oder Stadtteils, um sich in Alltag und Freizeit wohl zu fühlen. Dies gilt umso mehr, wenn diese Freiflächen noch weitere Funktionen erfüllen und zum Beispiel zur Begrünung des Wohnumfelds beitragen, die Biodiversität fördern, das lokale Klima verbessern oder Extremwetterereignisse wie zum Beispiel Hitze abmildern.

Der Platz hierfür kann durch die konsequente Nutzung der Flächen gewonnen werden, die durch kompakte Baustrukturen und die Reduktion der Wohn- und Gewerbeflächen eingespart werden. Auch der öffentliche Straßenraum kann hierfür nutzbar gemacht und nicht nur zugunsten von Fuß-, Fahrrad- und ÖPNV-Verkehren neu aufgeteilt werden, sondern auch zugunsten des Aufenthalts von Menschen. Das Bauplanungs- und das Straßenrecht bieten hierfür vielfältige Spielräume, die konsequent genutzt werden können. Die Planung und Einrichtung Kfz-freier oder Kfz-armer Quartiere, verkehrsberuhigter Bereiche oder von Fußgänger*innenbereichen sind einige Beispiele. Weitere Möglichkeiten, um Raum für Aufenthalt oder die Gestaltung des Wohnumfeldes zu schaffen, bietet der Verzicht auf Parkplätze oder ihr Rückbau, wie das erfolgreiche Beispiel Siegen zeigt, und der weitest mögliche Verzicht auf den Nachweis von Stellplätzen.

Mobilität: Mehr Platz zu Fuß, für Fahrrad, Bus und Sharing-Dienste

Kfz-Verkehre beanspruchen für den fließenden und ruhenden Verkehr einen nicht unwesentlichen Anteil an den knappen Flächen einer Gemeinde und belasten Städte mit Lärm und Schadstoffen. Die Reduzierung von Autoverkehren muss aber nicht Verlust von Mobilität bedeuten. Mobilität kann innerhalb von Städten auch mit weniger Flächeninanspruchnahme und weniger Belastungen organisiert werden.

So haben es Gemeinden grundsätzlich selbst in der Hand, Erreichbarkeit, Taktung und Führung ihres ÖPNV auf den Straßen so auszubauen, dass Wege ebenso schnell und bequem oder sogar schneller und bequemer zurückgelegt werden können als mit dem Auto, und sie können die Preise so gestalten, dass die Nutzung des ÖPNV einen spürbaren finanziellen Vorteil gegenüber den Kosten für einen eigenen PKW darstellt. Gemeinden können weiter

Geschützte eigene Fahrspuren und attraktive Abstellräume ermöglichen eine schnelle, bequeme und sichere Mobilität mit dem Fahrrad.

© Constantin Müller, QIMBY

breite, attraktive Fuß-und Radwege ausbauen und Platz für flächendeckende Sharing-Angebote zur Verfügung stellen, die dann auch eine individuelle Mobilität mit dem Kfz ermöglichen, ohne dass dazu ein eigenes Auto notwendig wäre. Wird Mobilität in dieser Weise organisiert und attraktiv miteinander verknüpft, können Gemeinden in ihren Satzungen auch die Anforderungen des Bauordnungsrechts an den Nachweis von Stellplätzen bei Bauvorhaben auf ein Minimum senken.

Diese Maßnahmen brauchen allerdings Platz, für Busspuren, Fußwege, Radwege und Flächen für Sharing-Angebote, damit alternative Mobilität tatsächlich schnell und bequem erfolgen kann. Sie erfordern eine Umverteilung des Straßenraums zu Lasten der Flächen, die bisher dem Kfz-Verkehr zur Verfügung stehen. Fahrbahnen müssten neu aufgeteilt, der Parkraum auf den Straßen so weit wie möglich eingeschränkt oder verteuert und die Sondernutzungspraxis in Bezug auf Sharing-Angebote großzügig gehandhabt werden.

Viele Städte beschreiten derzeit diesen Weg und versuchen, insbesondere Fußgänger*innen und Fahrradfahrer*innen mehr Raum zu geben. Das Beispiel der Einrichtung von Bike-Lanes in Berlin (und inzwischen in einer Vielzahl von anderen Städten) verdeutlicht diese Anstrengungen. Wie sich an diesem Beispiel zeigt, ist die Umverteilung von Straßenraum wegen der Orientierung des Verkehrsrechts an den Bedarfen des tatsächlichen Verkehrs nicht einfach, weil diese Bedarfe nach wie vor durch den Kfz-Verkehr dominiert werden. Es gibt aber Spielräume. Sie erfordern politische Entscheidungen mit einer sorgfältigen Begründung, soweit Straßen für alternative Mobilitätsarten umgewidmet werden sollen, und Entscheidungen der Straßenverkehrsbehörden mit sorgfältigen verkehrlichen Begründungen, soweit verkehrliche Anordnungen wie z.B. die Einrichtung von Fahrradstreifen auf der Grundlage der Straßenverkehrsordnung (StVO) erfolgen sollen. Die Notwendigkeit einer stärkeren Entflechtung der Verkehrsarten voneinander kann eine solche Begründung liefern, insbesondere wenn das Aufkommen an Fuß-, Fahrrad- und ÖPNV-Verkehren kontinuierlich ansteigt.

Eine Verteilung des Straßenraums zugunsten von Fußgänger-, Fahrrad- und ÖPNV-Verkehren ermöglicht eine schnelle und bequeme Mobilität ohne die Notwendigkeit eines eigenen PKW.

© Constantin Müller, QIMBY

Eine Mobilität zu Fuß, mit dem Fahrrad und dem ÖPNV braucht Platz. In Innenstädten mit knappen Räumen kann dies nur zulasten des Individualverkehrs mit dem PKW erfolgen.

Suffizienzpolitik – Mehr als nur weniger

Die politischen, ökonomischen und rechtlichen Rahmenbedingungen einer auf Wachstum ausgerichteten Gesellschaft machen es Kommunen schwer, eine Siedlungspolitik zu betreiben, die sich konsequent an der Reduktion des Ressourcenverbrauchs orientiert und dabei nicht nur technische Lösungen verfolgt, sondern durch soziale Innovationen auch auf Verhaltensweisen von Menschen einwirken will.

Dennoch können Kommunen sich auch unter den gegebenen Umständen auf den Weg zu einer suffizienzorientierten Siedlungspolitik begeben. Hierfür braucht es vor allem politischen Willen, Durchhaltevermögen und Kreativität. Denn der Verzicht auf Wachstum ist nicht konfliktfrei zu bewältigen, geht es bei Suffizienzpolitik doch im Wesentlichen um die Verteilung knapper Räume zwischen den vielfältigen Ansprüchen, die an sie gestellt werden. Kommunen können jedoch aufzeigen, dass suffizienzorientiertes Wohnen und Wirtschaften, alternative Mobilität und wohnungsnahe Freizeitgestaltung ebenfalls attraktiv sein können und ein gutes Leben für viele Menschen ermöglichen. Dies kann gelingen, wenn die erforderlichen städtebaulichen Prozesse mit den Einwohner*innen und anderen Akteur*innen in transparenten und kooperativen Verfahren gemeinsam gestaltet werden.

Es wäre also ein Missverständnis, davon auszugehen, Suffizienz(politik) hieße, einfach alles beim Alten zu belassen und auf eine aktive Stadtentwicklung zu verzichten. Das Gegenteil ist der Fall. Damit „Weniger" genug werden kann, bedarf es einer aktiven Gestaltung durch die kommunalen Entscheidungsträger*innen aus Politik und Verwaltung – oftmals gegen scheinbar übergroße Hürden. Gelingt dies aber – wofür diese Veröffentlichung zahlreiche Beispiele und konkrete Wege beschreibt – bedeutet Suffizienz für die Bürger*innen nicht Verzicht, sondern es wird möglich, bei einem sinkenden Ressourcenverbrauch eine hohe Lebensqualität zur erhalten. In diesem doppelten Sinne ist kommunale Suffizienz(politik) *mehr als nur weniger.*

Räume für Begegnung, Kommunikation, Spiel und Spaß können entstehen, wenn öffentliche Straßen für ein gemeinsames Miteinander zur Verfügung gestellt werden – wie hier im Quartier Ottensen in Hamburg.

Mögliche politische Zielsetzungen	Nachhaltigkeitseinschätzung	Hebung von Flächenpotentialen	Steuerung der Bodennutzung	Kompakte, nutzungsgemischte Quartiere	Mehr öffentlicher und weniger privater Raum	Mehr Straßenraum für den Umweltverbund
Mögliche Instrumente	Nullvariante	Potentialflächenkataster	Eigentum, Erbbaurecht, Konzeptvergaben	Kompakte, flexible Bebauung	Reduzierte private Wohnflächen	Großzügige Flächen für Fuß-, Rad- und ÖPNV-Verkehre
	Reduzierte Maßnahmen	Bodenfonds	Bebauungspläne, Städtebauliche Verträge	Funktionale und soziale Mischung	Gemeinschaftliches Wohnen	Reduzierung von Park- und Stellplätzen
	Regionale Lösungen	Wohnungsbörsen		Lebendige Erdgeschosszonen	Gemeinsame gewerbliche Logistik	Parkraumbewirtschaftung
					Großzügige öffentliche Frei- und Grünflächen	
					Kfz-freie Bereiche	
					Großzügige Sondernutzung für Aufenthaltszwecke und Sharing-Angebote	

Strategien gelingender Suffizienzpolitik			
Idee des Städtischen	Aktives Selbstverständnis der Stadtverwaltung	Langer Atem	Verfügbarkeit zentraler Ressourcen
Gemeinsame Gestaltung von Politik und Verwaltung	Stadtentwicklung mit Vielen	Regionale Zusammenarbeit	Zielorientiertes fehlerfreundliches und anpassungsfähiges Verfahren

Endnoten

I. Einleitung: Warum weniger genug werden muss
II. Suffizienz als kommunale Nachhaltigkeitsstrategie

1 Volker Hauff (Hrsg.), Unsere gemeinsame Zukunft. Der Brundtland-Bericht der Weltkommission für Umwelt und Entwicklung, Greven 1987.

2 Tilman Santarius, Der Rebound-Effekt: Ökonomische, psychische und soziale Herausforderungen für die Entkopplung von Wirtschaftswachstum und Energieverbrauch Marburg 2015; Uba, Rebound-Effekte: Ihre Bedeutung für die Umweltpolitik, Dessau-Roßlau 2015.

3 Siegfried Behrendt, Edgar GöLl, und Friederike Korte, Effizienz, Konsistenz, Suffizienz. Strategieanalytische Betrachtung für eine Green Economy, Berlin 2018.

4 Uta Von Winterfeld, Vom Recht auf Suffizienz, in: Werner Rätz, et al. (Hrsg.), Ausgewachsen! Ökologische Gerechtigkeit. Soziale Rechte. Gutes Leben., Hamburg 2011, S. 57–65.

5 Ebenda

6 Joseph Huber, Nachhaltige Entwicklung durch Suffizienz, Effizienz und Konsistenz, in: Peter Fritz (Hrsg.), Nachhaltigkeit in naturwissenschaftlicher und sozialwissenschaftlicher Perspektive, Stuttgart 1995, S. 31–46; Wolfgang Sachs, Die vier E's : Merkposten für einen maßvollen Wirtschaftsstil, in: Politische Ökologie 11/33 1993, S. 69–72; Cornelia Weskamp (Hrsg.), Ökologischer Konsum, Ansätze und Leitbilder nachhaltig ökologischer und sozialverträglicher Lebensweisen, Tagungsdokumentation. Ein Beitrag des Ökoforum in Kooperation mit der Ökologie-Stiftung NRW, Berlin 1995.

7 Pritz, Sarah Miriam, Subjektivierung von Nachhaltigkeit, S. 82, in: Sighard Neckel, Natalia Besedovsky, Moritz Boddenberg, et al. (Hg.), Die Gesellschaft der Nachhaltigkeit, Bielefeld 2018, S. 77–100.

8 Michaela Christ und Jonas Lage, Umkämpfte Räume. Suffizienzpolitik als Lösung für sozial-ökologische Probleme in der Stadt?, in: Anton Brokow-Loga und Frank Eckhardt (Hrsg.), Postwachstumsstadt. Konturen einer solidarischen Stadtpolitik, München 2020, S. 80–98.

9 Jan Gehl, Städte für Menschen, Berlin 2010.

10 Copenhagen City of Cyclists. Facts & Figures 2018. Copenhagen 2018. (https://urbandevelopmentcph.kk.dk/sites/urbandevelopmentcph.kk.dk/files/city_of_cyclists_facts_and_figures_2018.pdf, zuletzt abgerufen am 25. September 2020).

11 von Winterfeld, Uta, Vom Recht auf Suffizienz, in: Werner Rätz, Tanja von Egan-Krieger, Barbara Muraca, et al. (Hg.), Ausgewachsen! Ökologische Gerechtigkeit. Soziale Rechte. Gutes Leben., Hamburg 2011, S. 57–65.

III. Weniger ist schwer. Hemmnisse kommunaler Suffizienzpolitik

1 Rockström, Johan et al. (2009): A safe operating space for humanity. In: Nature, Vol. 461, 472-475.

2 SRU, Sachverständigenrat für Umweltfragen: Umweltgutachten 2016. Impulse für eine integrative Umweltpolitik. Berlin 2016, S. Tz. 294.

3 BBSR, Bundesinstitut für Bau-, Stadt- und Raumforschung: Die Raumordnungsprognose 2035 nach dem Zensus. Bevölkerung, private Haushalte und Erwerbspersonen. Bonn 2015, S. 6.

4 Bock, Stephanie (Hg.): Nachhaltiges Flächenmanagement - ein Handbuch für die Praxis. Ergebnisse aus der REFINA-Forschung. Berlin u. a. 2011, S. 26.

5 Siedentop, Stefan (Hg.): Einflussfaktoren der Neuinanspruchnahme von Flächen. Bonn 2009: Bundesamt für Bauwesen und Raumordnung; Michelsen, Claus: Baukindergeld löst nicht die Probleme auf dem Wohnungsmarkt. Berlin 2018: DIW - Deutsches Institut für Wirtschaftsforschung; Henger, Ralph: Wohnungspolitik gegen Zersiedelung. Köln 2018.

6 Blechschmidt, Peter: Verschobene Zauberformeln. In: Süddeutsche Zeitung vom 17.11.2016.

7 Reidl, Andrea: Parken verteuern, Bus und Bahn ausbauen. In: Die Zeit Online vom 12.06.2017.

8 Petkova, Kunka / Weichenrieder, Alfons (2017): Reformpläne bei der Grunderwerbsteuer. In: ifo Schnelldienst 21/2017 70/21, S. 13–16.

9 Taeger, Uwe (2006): Den Naturverbrauch steuern - Steuern und Abgaben auf den Flächenverbrauch. In: Christian Meyer / Burkhard Schweppe-Kraft (Hg.), Integration ökologischer Aspekte in die Finanzpolitik. Referate der Tagung „Ökologische Finanzreform und Naturschutz", 2006, S. 25–38.

IV. Weniger ist schwer, aber möglich. Beispiele aus der Praxis

1 von Winterfeld, Uta, Vom Recht auf Suffizienz, in: Werner Rätz, Tanja von Egan-Krieger, Barbara Muraca, et al. (Hg.), Ausgewachsen! Ökologische Gerechtigkeit. Soziale Rechte. Gutes Leben., Hamburg 2011, S. 57–65.

2 Zur Nedden, Martin/Bunzel, Arno: Plädolyer für eine aktive Bodenpolitik der Kommunen. In: Difu-Berichte (2016), S. 2–3.

3 Bunzel, Arno/Groß, Michael/Krautzberger, Michael/zur Nedden, Martin: Bodenpolitik und Bodenrecht gemeinwohlorientiert gestalten. In: WISO Direkt (2017).

4 Dransfeld, Egbert/Kiehle, Wolfgang: Stadtentwicklungspolitische kommunale Bodenpolitik im Überblick. Diskussionspapier zur Werkstatt am 17. Januar 2014 in Berlin 2014.

5 Kresta, Edith: »Die Ulmer Bodenpolitik. Serie Wohnen ist Heimat«. In: taz vom 04.01.2019.

6 Fuchs, Richard A.: »Wie bezahlbarer Wohnraum entstehen könnte. Mittel gegen explodierende Grundstückspreise«. In: Deutschlandfunk Kultur vom 27.03.2018.

7 Stadt Bocholt: Ziel: Bezahlbares Bauland. Ex-Stadtbaurat Paßlick erklärt die Strategie des „Bocholter Bodenmanagement" (https://www.bocholt.de/rathaus/planen-und-bauen/bocholter-bodenmanagement/, zuletzt aufgerufen am 03.03.2020).

8 TEB: Bezahlbares Bauland in Bocholt durch kommunales Bodenmanagement (https://www.bocholt.de/fileadmin/DAM/Fachbereich_31/bocholt_rathaus_planen_und_bauen_bezahlbares_bauland_TEB_bericht.pdf, zuletzt aufgerufen am 03.03.2020).

9 Dransfeld, Egbert/Kiehle, Wolfgang: Stadtentwicklungspolitische kommunale Bodenpolitik im Überblick. Diskussionspapier zur Werkstatt am 17. Januar 2014 in Berlin 2014., S. 13.

10 Fuchs, Richard A.: »Wie bezahlbarer Wohnraum entstehen könnte. Mittel gegen explodierende Grundstückspreise«. In: Deutschlandfunk Kultur vom 27.03.2018.

11 Stadt Ulm: Grundstückspolitik. Über 125 Jahre Ulmer Bodenpolitik (www.ulm.de).

12 Fuchs, Richard A.: »Wie bezahlbarer Wohnraum entstehen könnte. Mittel gegen explodierende Grundstückspreise«. In: Deutschlandfunk Kultur vom 27.03.2018.

13 TEB: Bezahlbares Bauland in Bocholt durch kommunales Bodenmanagement (https://www.bocholt.de/fileadmin/DAM/Fachbereich_31/bocholt_rathaus_planen_und_bauen_bezahlbares_bauland_TEB_bericht.pdf, zuletzt aufgerufen am 03.03.2020).

14 Stadtverordnetenversammlung: »Grundsatzbeschluss: Bodenmanagement und sozialgerechte Bodennutzung«. Bocholt 1995.

15 TEB: Bezahlbares Bauland in Bocholt durch kommunales Bodenmanagement (https://www.bocholt.de/fileadmin/DAM/Fachbereich_31/bocholt_rathaus_planen_und_bauen_bezahlbares_bauland_TEB_bericht.pdf, zuletzt aufgerufen am 03.03.2020).

16 Statistisches Landesamt Baden-Württemberg: Entwicklung der Wohnflächenversorgung in den Städten und Gemeinden Baden-Württembergs.

17 Acocella, Donato: Gutachten als Grundlage zur Fortschreibung des Einzelhandelskonzeptes für die Stadt Ravensburg. Lörrach 2017, 89ff.

18 Acocella, Donato: Gutachten als Grundlage zur Fortschreibung des Einzelhandelskonzeptes für die Stadt Ravensburg. Lörrach 2017, 89ff.

19 INKAR: Indikatoren und Karten zur Raum- und Stadtentwicklung (https://www.inkar.de/Default, zuletzt aufgerufen am 23.01.2020).

20 Lage, Jonas/Leuser, Leon: Fläche unter Druck. Sozial-ökologische Dimensionen der Flächennutzung in deutschen Wachstumsregionen. In: GAIA - Ecological Perspectives for Science and Society (2019), S. 365–373.

21 Sywottek, Christian: Freie Fahrt für alle. Gratis Bus und Bahn fahren klingt nach einer tollen Idee. Ist es das auch? In: brand eins (2017).

22 VCD Deutschland: ÖPNV zum Nulltarif – Möglichkeiten und Grenzen 2012.

23 Sommer, Carsten/Leonhäuser, Daniel/Saighani, Assadollah: Der Autoverkehr kostet die Kommunen das Dreifache des ÖPNV und der Radverkehr erhält die geringsten Zuschüsse 2018.

24 Verband Deutscher Verkehrsunternehmen. In die Spur zurückfinden. In: VDV Das Magazin, 08.06.2020 (https://www.vdv-das-magazin.de/story_01_titelstory_032020.aspx, zuletzt aufgerufen am 13.08.2020).

25 Hürtgen, Stefanie: Das Virus Kommt Nicht Von Außen. In: Jacobin, 13.8.2020. (2020). (https://jacobin.de/artikel/corona-kapitalismus-agrarindustrie/, zuletzt aufgerufen am 14.8.2020)

26 Gehrke, Marvin: Fahrscheinfrei im ÖPNV – Eine Alternative für Großstädte? Ein Maßnahmensortiment und die Realisierbarkeit in Berlin. Discussion Paper. Berlin 2016.

27 Randelhoff, Martin: Unentgeltliche Nutzung des Nahverkehrs in Tallinn ab 2013. Ein Modell für andere Städte? (https://www.zukunft-mobilitaet.net/8923/analyse/kostenloser-oepnv-tallinn-hasselt-templin-luebben/?highlight=Hasselt, zuletzt aufgerufen am 05.11.2019).

28 Stadt Templin: Information. Fahrscheinfreier Stadtverkehr 2018.

29 Stoppel, Kai: »Funktioniert kostenloser Nahverkehr?«. In: ntv vom 13.02.2018, 10.12.2019 (https://www.n-tv.de/wirtschaft/Funktioniert-kostenloser-Nahverkehr-article20284041.html, zuletzt aufgerufen am 10.12.2019).

30 Stadt Templin: Information. Fahrscheinfreier Stadtverkehr 2018.

31 Gehrke, Marvin/Groß, Stefan: Fahrscheinfrei im ÖPNV. Discussion Paper. Berlin 2014.

32 Kumkar, Michaela: »Mit Jahreskurkarte günstig Bus fahren in Templin«. In: Nordkurier vom 01.12.2019, 10.12.2019 (https://www.nordkurier.de/uckermark/mit-jahreskurkarte-guenstig-bus-fahren-in-templin-0137646412.html, zuletzt aufgerufen am 10.12.2019).

33 Strittmatter, Kai: »Blaupause für die Fahrradstadt«. In: Süddeutsche Zeitung vom 16.01.2019 (https://www.sueddeut-

sche.de/wirtschaft/kopenhagen-blaupause-fuer-die-fahrradstadt-1.4290142).
34 Deutscher Bundestag (Wissenschaftliche Dienste): Straßenverkehrsordnungsrechtlicher Rahmen zur Anordnung temporärer und dauerhafter Radfahrstreifen (Ausarbeitung), Aktenzeichen WD 7 - 3000 - 074/20. Berlin: Deutscher Bundestag, 2020
35 Götting, Katharina/Becker, Sophia. Reaktionen auf die Pop-up-Radwege in Berlin. Ergebnisse einer explorativen Umfrage zur temporären Radinfrastruktur im Kontext der Covid-19 Pandemie. Potsdam: Institute for Advanced Sustainability Studies (IASS), 2020, (https://www.iass-potsdam.de/sites/default/files/2020-06/IASS_Study_Pop-Up-Radwege.pdf, zuletzt aufgerufen am 17.08.2020).
36 Götting, Katharina/Becker, Sophia. Reaktionen auf die Pop-up-Radwege in Berlin. Ergebnisse einer explorativen Umfrage zur temporären Radinfrastruktur im Kontext der Covid-19 Pandemie. Potsdam: Institute for Advanced Sustainability Studies (IASS), 2020, (https://www.iass-potsdam.de/sites/default/files/2020-06/IASS_Study_Pop-Up-Radwege.pdf, zuletzt aufgerufen am 17.08.2020).
37 Tiemann, Marion/Avantario, Vito/Kress, Timm: Radfahrende schützen - Klimaschutz stärken. Hamburg 2018.
38 Löhe, Fabian: »In Berlin kostet ein Meter Autobahn 191.608,13 Euro. A100 - Deutschlands teuerste Straßenbaustelle«. In: Tagesspiegel vom 18.06.2020 (https://www.tagesspiegel.de/politik/a100-deutschlands-teuerste-strassenbaustelle-in-berlin-kostet-ein-meter-autobahn-191-608-13-euro/25927282.html).
39 Gössling, Stefan: Kostenvergleich Auto-Fahrrad, Deutschland: Berechnungsannahmen. Berlin 2018.
40 Stadt Bocholt: Fahrradstadt Bocholt (https://www.bocholt.de/rathaus/planen-bauen-verkehr/fahrradstadt/, zuletzt aufgerufen am 22.07.2020).
41 Städtebauförderung: Siegen - Siegen zu neuen Ufern (https://www.staedtebaufoerderung.info/StBauF/DE/Programm/AktiveStadtUndOrtsteilzentren/Praxis/Massnahmen/Siegen/Siegen_node.html, zuletzt aufgerufen am 10.12.2019).
42 Haberle, Heiko: »Sieg für die Stadt«. In: Deutsches Architektenblatt Online vom 03.04.2018, 19.12.2019 (https://www.dabonline.de/2018/04/03/sieg-fuer-die-stadt-siegen-stadtumbau/, zuletzt aufgerufen am 19.12.2019).
43 Adam, Florian: »Ans neue Ufer mit Siegens neuem Baurat«. In: Westfalenpost vom 18.03.2017, 19.12.2019 (https://www.wp.de/staedte/siegerland/ans-neue-ufer-mit-siegens-neuem-baurat-id209970103.html, zuletzt aufgerufen am 19.12.2019).
44 Schumann, Henrik: „Siegen – Zu neuen Ufern oder: Die Abkehr von der autogerechten Stadt". Zusammenfassung Vortrag Dessau 2018.
45 Fuhrhop, Daniel: Verbietet Das Bauen! München: oekom, 2015.
46 Brandl, Freya/Gruber, Ernst: Gemeinschaftliches Wohnen in Wien. Bedarf und Ausblick. Wien 2014.
47 47 FORUM Gemeinschaftliches Wohnen e.V.: Fachinformationen 2019.
48 Henseling, Christine/Krauß, Norbert/Specht, Alexandra/Behrendt, Siegfried/Wieland, Simon/Jänicke, Clemens/Bodelschwingh, Arnt von: Soziale, ökologische und ökonomische Effekte und Potenziale gemeinschaftlicher Wohnformen. Berlin 2018.
49 Für weitere Bedingungen zum Direktvergabeverfahren siehe Peters, Gertrudis/Ludwig, Gesine/Risch, Ben Michael/Pflug, Tanja: Orientierungshilfe zur Vergabe öffentlicher Grundstücke nach Konzeptqualität. Wiesbaden 2017.
50 Bundesweiter Austausch Konzeptverfahren. zum Liegenschaftsgeschäft mit gemeinschaftlichen Wohnprojekten, hrsg. v. Netzwerk Leipziger Freiheit, münchen mitbauzentrale, Netzwerk Frankfurt für gemeinschaftliches Wohnen e.V. Berlin 2018.
51 Bura, Josef/Kasper, Birgit/Markones, Magdalena/Töllner, Andrea: Grundstücksvergabe für gemeinschaftliches Wohnen. Konzeptverfahren zur Förderung des sozialen Zusammenhalts, bezahlbaren Wohnraums und lebendiger Quartiere. Hannover 2016.
52 siehe Brandl, Freya/Gruber, Ernst: Gemeinschaftliches Wohnen in Wien. Bedarf und Ausblick. Wien 2014.
53 Bura, Josef/Kasper, Birgit/Markones, Magdalena/Töllner, Andrea: Grundstücksvergabe für gemeinschaftliches Wohnen. Konzeptverfahren zur Förderung des sozialen Zusammenhalts, bezahlbaren Wohnraums und lebendiger Quartiere. Hannover 2016.
54 Bura, Josef/Kasper, Birgit/Markones, Magdalena/Töllner, Andrea: Grundstücksvergabe für gemeinschaftliches Wohnen. Konzeptverfahren zur Förderung des sozialen Zusammenhalts, bezahlbaren Wohnraums und lebendiger Quartiere. Hannover 2016.
55 Gütschow, Matthias: »Geringere Kosten, höhere Qualität«. In: Planen - bauen - leben. Baugemeinschaften in Tübingen, hrsg. von Architektenkammer Baden-Württemberg. Tübingen 2011, S. 22–23.
56 Netzwerk Leipziger Freiheit, münchen mitbauzentrale, Netzwerk Frankfurt für gemeinschaftliches Wohnen e.V. (Hrsg.), Bundesweiter Austausch Konzeptverfahren. zum Liegenschaftsgeschäft mit gemeinschaftlichen Wohnprojekten, hrsg. v. Netzwerk Leipziger Freiheit, münchen mitbauzentrale, Netzwerk Frankfurt für gemeinschaftliches Wohnen e.V. Berlin 2018.
57 Skok, Heike: Münchner Erfahrungen bei der Grundstücksvergabe. Frankfurt am Main 2017.
58 EnergieSchweiz: Was ist die 2000-Watt-Gesellschaft? (https://www.local-energy.swiss/programme/2000-watt-gesellschaft#/, zuletzt aufgerufen am 22.07.2020).
59 Gessler, Rahel: Suffizienz - Rolle von Politik und Verwaltung am Beispiel der Stadt Zürich. Vilm 2016.
60 Jenny, Annette/Grütter, Max/Ott, Walter: Suffizienz. Ein handlungsleitendes Prinzip zur Erreichung der 2000-Watt-Gesellschaft. Zürich 2014.
61 Stadt Zürich: Roadmap 2000-Watt-Gesellschaft. Zürich 2016, 35f.
62 Gessler, Rahel: Zürich unterwegs zur 2000-Watt-Gesellschaft. Der Stellenwert der Suffizienz in der Verwaltung. Zürich 2019.
63 Müller, André: »Die Zürcher fliegen zu viel und torpedieren so ihre eigenen Klimaschutzziele«. In: Neue Züricher Zeitung vom 09.03.2019, 22.07.2020 (https://www.nzz.ch/zuerich/zuerich-und-das-klima-die-2000-watt-stadt-fliegt-zu-viel-ld.1465040, zuletzt aufgerufen am 22.07.2020).
64 Jenny, Annette/Grütter, Max/Ott, Walter: Suffizienz. Ein handlungsleitendes Prinzip zur Erreichung der 2000-Watt-Gesellschaft. Zürich 2014.
65 Gessler, Rahel: Suffizienz - Rolle von Politik und Verwaltung am Beispiel der Stadt Zürich. Vilm 2016.

V. Was zeichnet suffizienzorientiertes Verwaltungshandeln aus?
VI. Zum Schluss: Was sofort getan werden kann

1 Luise Adrian et al., Instrumente zur Reduzierung der Flächeninanspruchnahme. Aktionsplan Flächensparen (TEXTE 38/2018), Umweltbundesamt (UBA) 2018, S. 104, 110, (https://www.umweltbundesamt.de/sites/default/files/medien/1410/publikationen/2018-05-24_texte_38-2018_reduzierung-flaecheninanspruchnahme.pdf, letzter Zugriff: 25. September 2020).

2 Raimund Krumm, Neue Ansätze zur flächenschutzpolitischen Reform des Kommunalen Finanzausgleichs (IAW-Diskussionspapiere Nr. 37), Institut für angewandte Wirtschaftsforschung 2007, (http://www.iaw.edu/RePEc/iaw/pdf/iaw_dp_37.pdf, letzter Zugriff: 25. September 2020); Adrian et al., Instrumente zur Reduzierung der Flächeninanspruchnahme. Aktionsplan Flächensparen (TEXTE 38/2018), Umweltbundesamt (UBA) 2018, S. 103, 113, (https://www.umweltbundesamt.de/sites/default/files/medien/1410/publikationen/2018-05-24_texte_38-2018_reduzierung-flaecheninanspruchnahme.pdf, letzter Zugriff: 25. September 2020).

3 Adrian et al., Instrumente zur Reduzierung der Flächeninanspruchnahme. Aktionsplan Flächensparen (TEXTE 38/2018), Umweltbundesamt (UBA) 2018, S. 106, 117, (https://www.umweltbundesamt.de/sites/default/files/medien/1410/publikationen/2018-05-24_texte_38-2018_reduzierung-flaecheninanspruchnahme.pdf, letzter Zugriff: 25. September 2020); Deutsches Institut Für Urbanistik und Bundesverband Für Wohnen Und Stadtentwicklung, Bodenpolitische Agenda 2020-2030, Difu / vhw 2017, S. 20, (https://repository.difu.de/jspui/bitstream/difu/238504/1/DCF2102.pdf, letzter Zugriff: 25. Septmeber 2020).

4 Adrian et al., Instrumente zur Reduzierung der Flächeninanspruchnahme. Aktionsplan Flächensparen (TEXTE 38/2018), Umweltbundesamt (UBA) 2018, S. 98, (https://www.umweltbundesamt.de/sites/default/files/medien/1410/publikationen/2018-05-24_texte_38-2018_reduzierung-flaecheninanspruchnahme.pdf, letzter Zugriff: 25. September 2020).